NOUVELLES RECHERCHES

SUR LES

EAUX DE CHATELDON.

NOUVELLES RECHERCHES

SUR LES

PROPRIÉTÉS PHYSIQUES, CHIMIQUES ET MÉDICINALES

DES

EAUX DE CHATELDON,

Par Emmanuel DESBREST,

MÉDECIN-INSPECTEUR DES EAUX DE CHATELDON, MEMBRE CORRESPONDANT DE PLUSIEURS SOCIÉTÉS SAVANTES.

> Quicumque artem medicam integrè adsequi velit aquarum facultates cognoscere debet.
> HIPPOC.

MOULINS,

IMPRIMERIE DE P.-A. DESROSIERS, RUE SAINT-PIERRE.

—

1839.

INTRODUCTION.

—

On sait que c'est à feu le docteur Desbrest, mon grand'père, qu'on doit la connaissance des eaux de Chateldon, et que c'est au hasard que ce médecin a dû lui-même la découverte de ces eaux salutaires.

Tourmenté, depuis plusieurs années, par une maladie qui est presque toujours le partage des hommes qui se livrent à la méditation et à l'étude, M. Desbrest cherchait inutilement dans la classe nombreuse des remèdes que nous offre la matière médicale, celui qui pourrait rendre à son estomac le libre exercice de ses fonctions : ses digestions étaient difficiles et laborieuses; une chaleur brûlante, des aigreurs insupportables, un gonflement considérable à l'estomac, lui faisaient envisager avec peine le moment où, forcé par le besoin, il lui fallait prendre quelque nourriture pour soutenir sa machine chancelante. La délicatesse des mets, leur saveur, les désirs de son appétit, les agréments qu'il aurait trouvés dans la société des personnes avec lesquelles il vivait habituellement ; tous ces avantages, qui auraient dû lui promettre quelques moments de plaisirs, étaient cruellement troublés par l'idée accablante des peines, des douleurs et des tourments qui devaient suivre le repas, même le plus frugal et le plus nécessaire à ses besoins. Après avoir inutilement essayé la plupart des remèdes que la nature et l'art offrent en pareille circonstance, il se décida à tenter l'usage des eaux minérales de Vichy. Ses premiers essais le convainquirent bientôt que ce remède, loin de le soulager, ne faisait, au contraire, qu'irriter son mal : outre son indisposition habituelle, il éprouva, pendant le peu de temps qu'il en fit usage, une chaleur générale dans les entrailles, une constipation opiniâtre, une douleur de tête accablante qui mettait le comble au dérangement de sa santé. C'est précisément dans le moment même où il faisait les réflexions les plus tristes sur le malheur de la condition humaine et sur l'insuffisance des secours que la médecine offre quelquefois aux malheureux mortels qui languissent dans les douleurs, qu'il fut appelé à Chateldon pour y voir un malade.

Pendant le séjour qu'il fit dans cette petite ville, il apprit des habitants du lieu qu'il y avait tout près de là des eaux minérales, dont on ne connaissait ni le goût ni les propriétés. La curiosité l'ayant conduit à ces sources, il en goûta l'eau et la trouva très agréable à boire ; cette eau lui paraissant digne de fixer son attention, il ne craignit pas d'en faire l'essai sur lui-même.

Bientôt son estomac sembla prendre de nouvelles forces, l'appétit se rétablit, et il commença à digérer avec plus de facilité. Dès ce moment, M. Desbrest ne voulut plus d'autre boisson : non content de prendre des eaux de Chateldon à jeun, il en buvait aussi à ses repas, mêlées avec le vin, elles le rendaient plus agréable. Il fit transporter chez lui des eaux de Chateldon, et il en continua l'usage six semaines sans interruption; pendant ce temps et les six premiers mois qui les suivirent, il ne ressentit plus d'aigreurs ; ses digestions devinrent aisées et faciles; le gonflement de son estomac, les vents qui le distendaient, tous ces symptômes, preuves certaines de la digestion la plus difficile et la plus laborieuse se dissipèrent comme par enchantement.

Les heureux effets que M. Desbrest venait d'éprouver de ces eaux bienfaisantes lui firent sentir de quelle utilité pouvait être ce nouveau remède pour le traitement et la guérison de beaucoup de maladies contre lesquelles l'art se montre si souvent impuissant.

Quoique l'analyse ne soit pas toujours un moyen infaillible pour s'assurer de la propriété des eaux minérales, il ne négligea cependant pas cette voie de s'instruire des principes qui les constituaient. Il fit donc la première analyse des eaux de Chateldon en 1778 et publia, peu de temps après, un ouvrage destiné à faire connaître leurs propriétés médicinales : c'est cet ouvrage qui a fait la réputation de ces eaux.

Après les avoir annoncées à la commission royale, chargée de l'examen des eaux minérales de France, sur les conseils de M. Lassonne, l'un des chefs de cette commission et d'après l'ordre du gouvernement, une seconde analyse de ces eaux fut faite par M. Fourcy, démonstrateur de chimie, sous les yeux de Raulin, inspecteur des eaux minérales du royaume.

Depuis la publication de ces anciens travaux, la chimie, il faut le dire, a fait des progrès si nombreux et si rapides qu'une analyse nouvelle des eaux de Chateldon était fort à désirer de nos jours. Pénétré de cette vérité, mais convaincu aussi que cette opération offre plus de difficultés qu'on ne le croit communément, et qu'elle demande pour être bien faite, la coopération de chimistes distingués, je me suis adressé avec confiance à l'académie royale de médecine. Ma demande, accueillie avec bonté par cette société savante, a été renvoyée à la commission des eaux minérales qui a bien voulu charger MM. Boullay et O. Henry, du soin de cette analyse.

C'est d'après cette dernière analyse et l'étude approfondie des eaux de Chateldon que je me suis décidé à publier de nouvelles recherches sur ces eaux minérales ; heureux, si ce travail contribue à étendre leur renommée dans l'intérêt de la santé publique et de la science.

J'ai divisé ce traité en quatre parties :

La première est consacrée à la topographie de Chateldon et de ses environs.

Dans la seconde, je donne la dénomination et la situation des sources, et fais connaître leurs propriétés physiques et chimiques.

Je parle dans la troisième de leurs propriétés médicinales.

Enfin, la quatrième se compose d'observations que j'ai recueillies, moi-même, sur ces eaux minérales, ou que j'ai extraites de l'ouvrage de feu le docteur Desbrest, mon grand'père.

NOUVELLES RECHERCHES

SUR LES

PROPRIÉTÉS PHYSIQUES, CHIMIQUES ET MÉDICINALES

DES

EAUX DE CHATELDON.

PREMIÈRE PARTIE.

TOPOGRAPHIE PHYSIQUE ET MÉDICALE DE CHATELDON. — PROMENA DES AUX ENVIRONS DE CHATELDON.

Chapitre Premier.

TOPOGRAPHIE DE CHATELDON.

Chateldon, chef-lieu de canton, est une petite ville du département du Puy-de-Dôme, arrondissement de Thiers : sa population est de 1,000 habitans : elle faisait autrefois partie de l'ancien Bourbonnais. Elle est située au sud-sud-est de Paris, et à 37 myriamètres de cette capitale; à l'ouest de Lyon, dont elle est distante de 15 myriamètres; à l'est-nord-est de Clermont-Ferrand, et à 4 myriamètres de cette ville; à 8 myriamètres de Moulins ; enfin à 1 myriamètre 5 kilomètres de la ville de Thiers et à égale distance de Vichy, si renommé par ses eaux thermales.

Chateldon, par sa position géologique, termine à l'est-nord-ouest, ce vaste bassin qu'on nomme la Limagne.

Cette petite ville est bâtie au fond d'une vallée sur des sables granitiques : elle est dominée de toute part, excepté à l'ouest, par des collines d'une assez grande élévation, sur lesquelles on a planté des vignes qui produisent de très bon vin.

De son origine.

On ne sait rien de positif sur l'origine et la fondation de Chateldon qui paraît être cependant une ville fort ancienne. Elle était autrefois beaucoup plus peuplée qu'aujourd'hui et assez commerçante. La grande quantité de boutiques fermées ou détruites dont on voit encore les ruines, annoncent assez que cette ville a dû fleurir par son commerce et ses manufactures ; mais sa situation au pied de roches primitives taillées à pic et qui l'entourent de toute part l'a exposée aux ravages d'un torrent rapide qui, dans les grandes eaux et dans des temps d'inondation, a dû souvent lui faire changer de face. La plupart des maisons de Chateldon sont en bois, avec des étages qui avancent au-dessus de la rue. Les vides que laisse la charpente sont remplis par de la maçonnerie. Quelques-unes d'entre elles sont remarquables par leur architecture gothique, et offrent une certaine élégance.

A l'est de la ville et au sommet d'une petite colline, s'élève un antique château, dont les remparts à moitié ruinés et noircis par le temps sont couverts de ronces et de lierre. Ce château, qui soutint plus d'un siége, au moyen-âge, appartint long-temps à la maison d'Angoulême. M. Douhet, fermier-général, en était seigneur au moment où la révolution de 1789 éclata. Il appartient aujourd'hui à M. Rulet de Lamurette, riche propriétaire du canton. De ses remparts, on admire le riche bassin de la Limagne.

Il y avait à Chateldon une communauté de filles de l'ordre de Sainte-Claire, et un couvent de Cordeliers, dont la suppression a eu lieu pendant la révolution.

L'église de Chateldon est fort ancienne, quoiqu'on y ait construit tout récemment un clocher neuf. On aperçoit dans le chœur des tableaux d'une dimension colossale : ces tableaux représentent les quatre évangélistes. Dans le fond se trouve une descente de croix, ouvrage de M. Poyet fils.

Le Voiziron, joli ruisseau qui coule de l'orient à l'occident, pour se répandre ensuite dans de belles prairies, vient baigner les vieilles murailles de Chateldon. Plusieurs ponts jetés sur ce ruisseau, servent à établir des communications entre la ville et la campagne.

Les rivières de La Dore et de l'Allier traversent, du midi au nord, le bassin, à l'extrémité duquel se trouve situé Chateldon, et coulent à une demi-lieue de cette petite ville.

§ I.

Du climat et de la végétation de Chateldon.

Chateldon et ses environs offrent une magnifique végétation. Les montagnes voisines, et surtout celles du Montoncelle abondent en plantes vulnéraires qu'on ne trouve que sur le sommet des Alpes et des Pyrénées.

Le froment, le seigle, l'avoine, l'orge sont les céréales que l'on cultive dans les environs : La vigne, néanmoins, est la seule richesse du pays.

Chateldon fournit des fruits en très grande abondance. Les framboises et les fraises des bois, la cerise, la pêche et le raisin ont un goût exquis.

Le climat de Chateldon est doux et tempéré,

et le printemps commence de bonne heure.

On voit rarement monter le baromètre à 28 pouces au-dessus de son niveau : quand le vent du Sud souffle avec une certaine violence, il descend presque toujours au-dessous de 27 pouces. Ce n'est pas d'après les variations du baromètre qu'on peut prédire d'une manière sûre le beau et le mauvais temps : ce sont presque toujours les vents qui décident de la sérénité du ciel. Dans toutes les saisons le vent du Nord annonce le beau temps; les vents d'Ouest, chargés de vapeurs humides, indiquent la pluie. De tous les vents, c'est celui d'Est qui fait éprouver les jours les plus agréables; outre la sérénité du ciel que ce vent amène presque toujours, l'air est encore tempéré. Le vent du Sud est souvent orageux : il est quelquefois brûlant dans le mois d'août.

Pendant les grandes chaleurs, le thermomètre de R^r. est ordinairement de 20 à 25 + 0; et dans les grands froids de 6 à 12 = 0.

§ II.

Constitution médicale du pays.

Lorsque l'été a été sec, que le vent du nord a dominé, et que l'automne est pluvieux par un vent du Sud et Sud-Ouest, on éprouve à Chateldon, pendant l'hiver et au commencement du printemps, des affections catarrhales, des maux de gorge, etc.

Si, pendant l'été et surtout à l'approche de l'automne, on ressent des chaleurs excessives dans la journée et des fraîcheurs le soir et le matin, les maladies de cette saison sont, le plus ordinairement, des fièvres intermittentes, dont les rémissions paraissent bien marquées durant les deux ou trois premiers accès. La fièvre devient ensuite continue, et les frissons que les malades éprouvaient, les premiers jours, ne se manifestent plus, si ce n'est à la fin de la maladie où on les voit quelquefois reparaître.

§ III.

Mœurs et caractère des habitants de Chateldon : Ressources que ce pays présente.

Les habitants de Chateldon ont des mœurs douces : ils accueillent bien les malades qui viennent boire les eaux, et s'empressent de leur procurer toutes les ressources nécessaires à la vie. Ils ont rendu leurs maisons logeables, et on y trouve maintenant des appartements propres et commodes. Pendant la saison des eaux, M. Delamurette veut bien mettre une partie de son château à la disposition des buveurs : ce château réunit l'utile à l'agréable.

(7)

On mange à Chateldon de bonne viande de boucherie que l'on fait venir de Thiers qui n'en est éloigné que d'un myriamètre et demi. Le voisinage des rivières d'Allier et de Dore procure des poissons en abondance, et les ruisseaux des environs des truites excellentes. La campagne fournit du gibier de toute espèce, et les basse-cours y sont pourvues de très bonne volaille.

Le gouvernement, qui dans sa surveillance active embrasse tous les intérêts publics, a nommé un médecin-inspecteur dont le zèle et les soins empressés ne manqueront pas aux malades qui viendront aux sources de Chateldon, pour suivre et diriger leur régime pendant la saison des eaux.

Chapitre 2.

PROMENADES AUX ENVIRONS DE CHATELDON.

Si la ville de Chateldon est triste par elle-même, ses environs présentent de fort jolis coteaux de vignes, de belles prairies, des montagnes escarpées et des vallons champêtres qui forment sous différents points de l'horizon des paysages pittoresques et le plus heureusement variés.

Au Sud de Chateldon et tout près de cette ville, on va visiter le château de la Motte avec ses grandes allées de châtaigniers et de tilleuls, son parc planté de vieux chênes, ses prairies et sa vue délicieuse. Ce château dépendait autrefois de la seigneurie de Chateldon, et appartenait, avant la Révolution, à la maison Douhet.

En poursuivant sa route, du même côté, et après avoir traversé la petite ville de Puy-Guillaume où il y avait jadis une prévôté royale et un château fort qui fut détruit en 1475, vous voyez, à une demi-lieue de là, le château de Chabannes, situé sur les bords de la Dore, dans une position admirable. Les appartements de ce château, qui ont été décorés depuis peu par les soins de M. de Chabrol de Crousol, ancien ministre de la marine, ne le cèdent en rien pour la beauté et la magnificence, à ceux d'un château royal. C'est une promenade que tout buveur doit faire, pour peu qu'il soit valide.

A l'Est Sud-Est de Chateldon, on visitera le temple des Druides et l'ancien monastère de Montpéroux, de l'ordre de St-Bernard, dont on voit encore les ruines.

Si l'on s'enfonce dans la vallée profonde que parcourt le Vauziron, que de sites sauvages! que de paysages agrestes! que de bois touffus! que de rochers escarpés! que de hautes montagnes. Ce lieu rappelle au visiteur les Alpes et les Pyrénées. En suivant toujours la même direction, on fera une visite au château de Faurion, placé dans une position où l'art et la nature semblent s'être réunis pour en faire la plus belle solitude du monde.

Plusieurs jolis chemins conduisent de Chateldon à la petite ville de Ris, dont les montagnes voisines méritent d'être visitées. La société de Ris est aimable et polie, et se plait à faire accueil aux étrangers.

Là se bornent ordinairement les promenades des malades, mais les curieux iront voir le magnifique château de Randan. Pour faire cette promenade, on quitte la route de Chateldon à Vichy, entre Ris et Mariolles, et prenant à main gauche un grand chemin qui conduit au bac de Ris, on passe ce bac, pour prendre ensuite, à travers la forêt, une belle route qui conduit directement à Randan.

Le château de Busset, situé à une lieue et demie de Chateldon, attire, pendant la saison des eaux, un très grand nombre de personnes. Ce château appartint long-temps à la maison de Vichy, passa ensuite à la maison d'Allègre, puis enfin à celle de Bourbon par le mariage de Marguerite d'Allègre avec Pierre de Bourbon, issu d'une des branches puinées de cette maison. Des terrasses de la cour, on a une vue admirable sur toute la Limagne. La même vue se retrouve avant d'arriver à Busset, tout près d'un petit bois de pins, qui sert de promenade aux habitants de ce joli village.

Ferrières, qui a donné le jour, le 25 janvier 1526, à François III, vicomte de Turenne, est une des petites villes de la montagne qui offre le plus d'intérêt. Elle est bâtie dans une vallée arrosée par le Sichon. On a découvert, tout près de cette ville, une mine de plomb dont plusieurs filons sont presque à fleur de terre. Les montagnes qui avoisinent Ferrières sont à base calcaire, et on en retire du marbre bleu turquin d'un grain compact et fin.

On va voir ensuite, dans les environs de Ferrières, le vieux château de Mont-Gilbert avec ses ruines sauvages, la Grotte des Fées, caverne naturelle creusée dans la roche, et qui s'enfonce dans la montagne à une assez grande profondeur.

Si l'on parcourt les hautes montagnes, situées à l'est de Ferrières, on ira voir d'abord le roc de Saint-Vincent, un des points les plus élevés du Bourbonnais. Sur le sommet de cet immense rocher, qui se détache à pic, on avait bâti, au moyen âge, deux châteaux forts, celui de Pyremont et Greffier. Tout près de là parait le vieux Montoncelle avec ses sombres forêts de sapins. C'est le point le plus élevé de la chaîne du Forez. On trouve sur cette montagne des plantes qui ne croissent que sur le sommet des Alpes. Le myrtille, la fraise et la framboise se trouvent en abondance dans les bois épais du Montoncelle. Les habitants de ce lieu, surtout ceux du village de Chez-Pion, donnent volontiers l'hospitalité aux personnes qui les visitent, et se plaisent à leur raconter une foule de traditions et les fables les plus merveilleuses sur les mauvais génies qui ont habité ou habitent encore leur contrée.

Enfin, on ne quittera pas Chateldon sans aller voir Thiers, ville aussi pittoresque que commerçante; et, dans ses environs, le Grun de Chignor, ses rochers et la belle vue du sommet.

DEUXIÈME PARTIE.

DESCRIPTION SUCCINCTE DE L'ÉTABLISSEMENT DE CHATELDON. — DÉNOMINATION ET SITUATION DES SOURCES. — PROPRIÉTÉS PHYSIQUES ET CHIMIQUES DES EAUX.

Chapitre Premier.

DESCRIPTION SUCCINCTE DE L'ÉTABLISSEMENT DE CHATELDON

Les eaux de Chateldon devant être un jour un élément de richesses et de prospérité publique pour le pays où ces sources sont situées, le propriétaire et médecin-inspecteur vient de faire, tout récemment, de nouvelles constructions, afin de donner à ces eaux toute l'importance qu'elles méritent.

L'établissement, tel qu'il existe aujourd'hui, consiste en un bâtiment modeste, d'une structure moderne, ayant environ trente huit pieds de façade sur vingt-un pieds de profondeur. Il se compose d'un rez-de-chaussée et d'un premier étage. Les appartements sont propres et commodes. A l'Est, et joignant ce bâtiment, on a établi plusieurs cabinets de bains pour les personnes qui viennent boire les eaux.

Il y a aujourd'hui à Chateldon cinq sources d'eau minérale.

La plus ancienne, celle qui a été découverte la première par le docteur Desbrest, mon grand-père, est renfermée dans un bassin carré.

La seconde source, qui vint sourdre auprès de la première, sur les bords d'un ruisseau, dont les eaux sont toujours claires et limpides, est contenue dans un petit bassin de forme ronde, recouvert d'une grille de fer. Ces deux fontaines, qui portent le nom de *sources des vignes*, sont éloignées d'environ 300 mètres de la ville. (1)

Les trois autres, moins riches en gaz acide carbonique que les premières, se nomment sources de la Montagne. Elles sont situées à mi-côte d'une montagne, à 1250 mètres, ou environ de Chateldon.

Les trois dernières sources sont renfermées dans trois petits bassins de forme ronde.

---

(1) Entre ces deux sources, on vient d'en découvrir une troisième dont l'eau a les mêmes propriétés physiques et chimiques que celles des sources des Vignes.

Chapitre 2.

PROPRIETES PHYSIQUES DES EAUX DE CHATELDON.

Les eaux de Chateldon sont froides, limpides et gazeuses : Elles ont une saveur aigrelette, agréable, un peu styptique et ferrugineuse : elles sont pétillantes et mousseuses. Si on les mêle avec du vin, et si on y ajoute un peu de sucre, ou les voit fumer avec un léger bruit et fournir des bulles abondantes d'acide carbonique. L'eau, observée dans les sources des Vignes, parait être en ébullition continuelle. Les bulles, qui sont produites par un dégagement considérable de gaz acide carbonique, viennent crever à la surface de l'eau, et font entendre un bruissement incessant. Ce dégagement de gaz augmente par un temps sec et à l'approche des orages.

On voit, au fond et sur les parois des bassins, un dépôt ocracé formé par un péroxide de fer.

Température.

La température de l'eau de Chateldon est inférieure à celle de l'atmosphère.

Pendant la saison des eaux, la température moyenne de l'atmosphère est de 14 + 0 ther. R^r.

Et celle de l'eau de Chateldon 11 + 0 ther. R^r.

Pesanteur Spécifique.

Eau distillée. 1,000
Eau de Chateldon 1,003

Chapitre 3.

EXAMEN CHIMIQUE DES EAUX DE CHATELDON.

Expériences faites sur les lieux mêmes par M. Desbrest, médecin-inspecteur de ces eaux minérales.

Effets produits sur les couleurs bleues végétales.

Les eaux de Chateldon verdissent le sirop de violettes et rougissent le papier de tournesol.

Effets produits par la noix de Galle et par le prussiate de potasse.

L'infusion de noix de Galle, versée dans l'eau

de Chateldon y occasionne une teinte vinacée.

La dissolution de prussiate de potasse, versée dans l'eau de Chateldon décide sur le champ une teinte d'un beau bleu d'azur; et, au bout de quelque temps, cette teinte devient plus foncée.

Effets du prussiate de potasse et de la noix de Galle sur le dépôt ocracé qui se trouve au fond et sur les parois des fontaines.

Si, après avoir fait dissoudre ce dépôt ocracé dans l'acide nitrique, on le traite par la noix de Galle, on obtient une teinte d'un violet foncé; le ferro-cyanate de potasse y occasionne sur le champ une couleur d'un beau bleu foncé.

Action des acides sur les eaux de Chateldon.

Les acides versés dans l'eau de Chateldon y font naître une vive effervescence.

Action des alcalis.

Les alcalis caustiques versés dans l'eau de Chateldon y occasionnent un précipité blanc, floconneux, très abondant.

Effet produit par le nitrate d'argent.

Le nitrate d'argent détermine un précipité assez abondant, insoluble dans l'eau et soluble, en totalité, dans l'acide nitrique pur. Ce précipité est, suivant M. Chevallier, un sous-carbonate d'argent.

Effet produit par l'hydro-chlorate de Baryte.

L'hydro-chlorate de baryte versé dans l'eau de Chateldon ne donne aucun précipité sensible.

Effet produit par l'oxalate d'ammoniaque.

L'oxalate d'ammoniaque y forme un dépôt assez abondant, occasionné par la présence de la chaux.

Effet produit par le phosphate neutre de soude.

Le phosphate neutre de soude donne lieu à un précipité de chaux, et la liqueur filtrée additionnée d'ammoniaque forme un nuage floconneux de phosphate ammoniaco-magnésien, dû à la présence de la magnésie dans l'eau de Chateldon.

Il résulte des épreuves par les réactifs que les eaux de Chateldon contiennent de l'acide carbonique libre qui fait virer la teinture de tournesol au rouge violet; une substance martiale, indiquée de la manière la plus évidente, par la noix de Galle et le prussiate de potasse; des carbonates que les acides décomposent avec effervescence; de la chaux et de la magnésie, dissoutes par l'acide carbonique, que les alcalis caustiques précipitent à l'état de sous-carbonates.

L'eau de Chateldon, traitée par l'hydro-chlorate de baryte et le nitrate d'argent indique à peine quelques traces de sulfate et de chlorure, mais quand on agit sur le produit de la concentration, la présence de ces sels devient évidente.

Chapitre 4.

ANALYSE DES EAUX DE CHATELDON PAR DIFFERENTS CHIMISTES.

Récapitulation des substances qui minéralisent les eaux de Chateldon, d'après l'analyse faite par Fourcy, sous les yeux de Raulin, ancien inspecteur des eaux minérales du royaume.

« Les eaux de Chateldon contiennent, par pinte, de substance martiale deux grains.

« Trois grains d'une terre absorbante, de la nature de la magnésie.

« D'une terre purement calcaire, quatre grains.

» De l'alcali minéral, quatre grains.

» De sel marin, quatre grains.

» Le tout tenu en dissolution et en activité
» par un esprit acide, élastique, volatil, miné-
» ral, dont les eaux de Chateldon sont richement
» pourvues. »

Comparaison des principes qui minéralisent les eaux de Spa et celles de Chateldon, par RAULIN.

« L'eau de Spa donne par pinte, de principe volatil, le même que l'eau de Chateldon.

	grains
» D'alcali minéral	4
» De terre calcaire	4
» De sel marin	4
» De substance martiale.	6

« L'eau de Chateldon donne par pinte, de principe volatil, le même que l'eau de Spa.

	grains
» D'alcali minéral	4
» De terre calcaire	4
» De sel marin	4
» De substance martiale.	2
» De terre absorbante	5

Analyse des eaux de Chateldon par MM. BOULLAY *et* O. HENRY : *Rapport présenté à la commission des eaux minérales, le* 21 *novembre* 1837.

« Voici les résultats déduits de l'analyse de
» cinq litres d'eau de Chateldon (sources des
» Vignes) et rapportés par le calcul à 1,000
» grammes.
    » Acide carbonique libre. . . . 1,1638 (1)
    » Air surchargé d'azote, très faible
» proportion.

---

(1) La proportion d'acide carbonique est nécessairement un peu plus forte à la source.

» Carbonate de chaux. 0,663
— de magnésie . . . 0,082
— de soude anhydre . 0,393
— de potasse , traces inappréciées.

Sulfates { de chaux / de soude sec } 0,070

Phosphate de chaux inapprécié.

Chlorures { de sodium / de magnesium } . . . 0,045

Silice mêlée d'un peu d'alumine . 0,0362
Péroxide de fer. 0,0107 (1)

Matière organique { modifiée par la chaleur et le carbonate de soude. } 0,0300

« Les résultats que nous venons d'énoncer conduisent à la composition suivante.

« Composition primitive de l'eau au bouillon de la source.

                                               Grammes
« Acide carbonique libre. 0,6687
« Bi carbonate de chaux 0,9539
« — de magnésie . . . 0,1242
« — de soude anhydre . 0,5560
« — de potasse inapprécié.

---

(1) Le fer existait sans doute dans l'eau primitive à l'état de crénate et de proto carbonate.

« Sulfates { de chaux / de soude anhydre } . . 0,0700

« Chlorures { de sodium / de magnésium } . . 0,0450

« Oxide de fer, proto-carbonaté. . 0,0107
« Silice mêlée d'alumine 0,0362
« Phosphate de chaux, inapprécié
« Matière organique. 0,0300
« Eau pure 997,5053

Total 1000,0000

Analyse des gaz des eaux de Chateldon, faite sur les lieux par M. CHEVALLIER, *dans les premiers jours de septembre* 1836.

« La température de l'air étant de 15° centi-
« grades, celle de l'eau des sources était à 10°.

« Les gaz qui se dégageaient des sources
» étaient formés d'acide carbonique presque
» pur. En effet, essayés à plusieurs reprises, ils
» ont fourni pour 100 parties.

« Acide carbonique 99
« Résidu. 1

« Le résidu, examiné à son tour, a été re-
» connu être composé, pour 100 parties,

« D'azote. 65
« et d'oxygène 35

CONCLUSION.

L'eau de Chateldon, comme il est facile de le voir, est une eau acidule et ferrugineuse. Elle contient une assez grande quantité d'acide carbonique libre, qui, d'après M. Chevallier, est d'une grande pureté, et ne renferme que quelques traces d'azote. Par sa nature, elle se rapproche des eaux acidules gazeuses de Seltz et de celle de Spa à laquelle Raulin l'avait comparée.

Tout en rendant justice à l'esprit judicieux qui a guidé MM. Boullay et O. Henry dans l'analyse qu'ils viennent de publier sur les eaux de Chateldon, je suis porté à croire, d'après des expériences que j'ai faites sur les lieux mêmes, que ces eaux contiennent une plus grande quantité de *fer* que celle annoncée par ces savants chimistes, et qu'elles ne sont nullement *incrustantes*, comme celles de Saint-Allyre, de Vichy et d'autres localités de l'Auvergne.

TROISIÈME PARTIE.

DES PROPRIÉTÉS MÉDICINALES DES EAUX DE CHATELDON.

Chapitre Premier.

CONSIDERATIONS GENERALES.

Si les eaux minérales jouissent, de nos jours, d'une plus grande vogue qu'autrefois, ce n'est pas seulement une affaire de mode, mais bien parce qu'elles ont des propriétés qu'on ne saurait révoquer en doute, et qu'elles sont très souvent un moyen assuré de rétablir la santé, lorsqu'on les administre avec sagesse, discernement et prudence.

C'est principalemont dans les maladies chroniques qui exigent de la part du médecin beaucoup plus de sagacité et de lumières que les maladies aiguës, que l'on fait usage des eaux minérales. Les efforts de la nature dans ces maladies sont presque toujours insuffisants pour la faire sortir victorieuse du combat : elle a besoin de secours, mais ils doivent être proportionnés à la force du mal, à sa nature, à son opiniâtreté et à sa résistance.

On divise les eaux minérales en deux grandes classes; celles qui sont thermales ou chaudes et celles qui sont froides. Les premières, plus actives, plus pénétrantes, douées souvent d'une très grande chaleur, conviennent mieux dans les grandes maladies; elles font des impressions plus vives; elles remuent la machine plus puissamment que celles qui sont froides. Les effets qu'elles produisent sont plus ou moins prompts, plus ou moins actifs, relativement à la qualité et à la quantité de leurs principes minéraux et au degré de chaleur qui les accompagne.

Les eaux minérales froides ont des propriétés différentes, relatives aux substances minérales qui les caractérisent : elles sont salines, acidules, ferrugineuses, et leur activité dépend, ordinairement, du plus ou moins de substances qu'elles contiennent et de la façon dont elles y sont combinées.

En général, on les emploie dans tous les cas où les solides ont perdu leur ressort ordinaire; elles favorisent les sécrétions, donnent du ton à l'estomac, facilitent les digestions, rétablissent les mouvements désordonnés du système nerveux et en arrêtent les spasmes. Elles conviennent dans les maladies de reins et dans celles de la vessie :

elles ne font pas des impressions si vives sur les solides, ni sur les fluides que les eaux thermales, et, c'est par cette raison qu'on les préfère souvent à ces dernières qu'on ne doit jamais prendre qu'avec les plus grandes précautions, et après un examen suivi et raisonné, tant sur les substances qui les constituent et qui les minéralisent, que sur leur façon d'agir qui mérite la plus grande attention de la part de ceux qui en font usage et de ceux qui les prescrivent.

Les eaux minérales n'agissent-elles qu'en vertu de la propriété qu'elles ont d'être excitantes, et ne doit-on attribuer les effets salutaires qu'elles produisent qu'à la puissance de la révulsion ? Dans l'état actuel de la science, regarder cette propriété des eaux minérales comme unique, c'est, suivant nous, vouloir renfermer leur action dans des bornes trop étroites.

En effet, les liquides étant doués de vitalité et susceptibles, par conséquent, d'éprouver des altérations primitives, les principes qui constituent les eaux minérales, ayant une action directe sur eux, peuvent donc, en les ramenant à leur état normal, être la cause de la guérison de beaucoup de maladies : vouloir nier l'influence de cette cause, ce serait se refuser à l'évidence.

Chapitre 2.

DES PROPRIETES MEDICINALES DES EAUX DE CHATELDON.

Les eaux de Chateldon sont sédatives, apéritives et rafraîchissantes. Elles excitent l'appétit, facilitent la digestion et calment les chaleurs d'entrailles. Elles conviennent dans les vomissements habituels, dans le dégoût, la tension de l'estomac, les flatuosités, et réussissent, en général, dans les maladies chroniques du tube digestif.

On les emploie, avec succès, dans les maladies des solides et particulièrement des nerfs, dans celles qui dépendent de l'altération des fluides, et dans les indispositions qui sont une suite de l'erreur et de l'abus dans le choix des plaisirs.

Indépendamment de ces propriétés générales, elles en ont encore de particulières.

Comme ces eaux sont chargées d'une grande quantité de gaz acide carbonique, qu'elles contiennent des bi carbonates alcalins et qu'elles passent ordinairement par la voie des urines, elles conviennent très bien dans les dysuries, la rétention d'urines, le catarrhe de la vessie, la néphrite calculeuse et la gravelle : elles favorisent la descente des petits graviers qui se trouvent engagés dans les uretères et la dissolution ou l'expulsion de ceux qui sont enfermés dans la vessie ou dans le canal de l'urètre.

« L'expérience a prouvé que les boissons al-
» calines, surtout l'eau acido carbonique et la
» magnésie pure étaient les remèdes les plus
» efficaces pour faire cesser la disposition cal-
» culeuse et rendre soluble le gravier qui au-
» rait pu se former dans celle où il serait com-
» posé d'acide urique, (ce qui arrive le plus
» ordinairement.) Nous croyons que ces médi-
» caments agissent à la fois en facilitant la dis-
» solution des petites concrétions, et en mo-
» difiant les propriétés vitales des reins. (1)

On regarde les eaux de Chateldon comme un excellent tonique : c'est à la présence du fer, à sa grande divisibilité et à sa combinaison avec l'acide carbonique qu'elles doivent cette propriété, ainsi que celle d'être un des plus doux et des plus sûrs apéritifs : aussi les ordonne-t-on avec le plus grand avantage, dans les pâles couleurs, le dérangement des maladies périodiques des femmes, leur suppression, les pertes blanches pour lesquelles elles sont spécifiques ; dans le diabète et

---

(1) Elémens de chimie d'Orfila T. II. p. 540 et 541.

l'incontinence d'urines ; dans les maladies de l'estomac et dans celles des autres viscères qui concourent à la digestion ; dans les diarrhées, les flux de ventre rebelles : on doit sentir que ces eaux étant martiales et toniques, peuvent, en rétablissant le ressort des intestins et en détruisant les embarras des glandes mésentériques, faire cesser ces déjections opiniâtres contre lesquelles on emploie souvent, sans succès, les remèdes qui paraissent le mieux indiqués.

L'académie royale de médecine, dans son rapport sur le cholera-morbus asiatique, publié et rédigé par ordre du gouvernement, a conseillé l'usage des eaux de Chateldon, comme un moyen préservatif dans le cours de cette épidémie. Pendant la convalescence de cette cruelle maladie, on mêlait les eaux de Chateldon avec des vins généreux, et les malades en éprouvaient un très grand bien.

Les eaux de Chateldon, appliquées extérieurement et prises à l'intérieur, conviennent aussi dans les maladies de la peau, particulièrement dans la couperose, les dartres vives et farineuses, les démangeaisons, à la fin des érésypèles et des maladies vénériennes.

Ces eaux ont encore une propriété particulière qui doit les rendre précieuses aux personnes du beau sexe : elles facilitent la conception, en en remédiant aux dérangements qui surviennent dans les organes de la génération.

Cette vertu, je le sais, on l'attribue à toutes les eaux minérales, mais aucune ne le possède à un plus haut degré que celles de Chateldon. Elle est du reste confirmée par un assez grand nombre d'expériences, pour qu'il puisse rester quelque incertitude à cet égard.

Les eaux de Chateldon sont si légères et si gazeuses; elles pénètrent si aisément nos plus petits tubes capillaires, qu'on les administre, avec le plus grand succès, dans les maladies nerveuses, dans les affections hystériques et hypocondriaques; dans les vapeurs qui dépendent surtout de la délicatesse, de la sensibilité et de la faiblesse des nerfs ; maladies dans lesquelles beaucoup d'eaux minérales sont contraires par la propriété qu'elles ont de constiper ou de relâcher trop fortement les malades, et d'irriter ainsi la membrane muqueuse des voies digestives.

Pomme à qui la science est redevable d'un excellent traité sur les maladies vaporeuses, conseille, dans ces maladies, l'usage presque continuel des bains tièdes ou froids, les lavements, l'eau de veau, d'agneau, le petit lait, les bouillons de poulet, de tortues, de grenouilles et à la fin les eaux minérales froides et acidules. (1)

» Quoique la théorie de ce médecin soit très lumineuse, disait feu le docteur Desbrest, mon grand'père, je ne suis pas tout à fait de l'avis de Pomme sur le traitement des affections hystériques et hypocondriaques: ces maladies dépendent inconstestablement de l'irritabilité du genre nerveux, de sa trop grande sensibilité et de son extrême mobilité. Le régime délayant auquel Pomme assujétit ses malades, convient bien dans les paroxismes nerveux et dans le temps que les spasmes et les mouvements convulsifs se manifestent plus particulièrement; mais les paroxismes étant une fois passés, on doit s'occuper des moyens d'en prévenir de nouveaux, ce qu'on ne saurait toujours espérer de sa méthode qui ne va pas à la cause du mal.

« Le racornissement que ce médecin suppose dans les nerfs et dans les parties membraneuses, n'est jamais qu'un état de spasme, d'irritation et de crispation qui cesse presque toujours avec l'accès vaporeux et souvent sans le secours des bains et des remèdes délayants.

« Les causes qui déterminent ces mouvements nerveux et spasmodiques sont si différentes, si variées et si multipliées qu'on chercherait inuti-

---

(1) Pomme est d'accord, à l'égard de ce dernier précepte, avec tous les auteurs qui ont écrit sur ces maladies.......... Voyez Hoffm, Baglivi, Lieutaud, Raulin, Tissot, etc.

lement dans nos pharmacopées les remèdes propres à les guérir. Les excès du plaisir et de la douleur, les peines de l'ame, les méditations profondes, la contention d'esprit, les délires de l'imagination, l'attente et la perte d'une grande fortune, une terreur subite, une dévotion outrée, la crainte de la mort, les veilles poussées trop loin, une application trop constante à l'étude, une vie oisive et sédentaire ; une maladie longue traitée par de copieuses saignées ou de fréquentes purgations; des hémorragies abondantes, des pertes blanches, la suppression ou le dérangement du flux menstruel ; l'abus des plaisirs vénériens, une disposition héréditaire et une infinité d'autres causes peuvent toutes concourir à débiliter le genre nerveux au point de lui laisser une disposition à être mu vivement et violemment agité; ainsi, voyons-nous presque toujours la santé des vaporeux des deux sexes dépendre de la constitution de l'atmosphère. Lorsque le ciel est clair et serein, que les vents d'Est, Nord-Est ou de Sud-Est soufflent, que l'air n'est ni trop froid ni trop chaud , ces malades sont ordinairement dans une situation assez heureuse; l'espérance renaît dans leur ame, la sérénité se montre sur leur visage, et leur satisfaction paraît dans leurs yeux : ils se plaisent, pendant cette heureuse constitution, dans la société de leurs amis;

ils se livrent aux plaisirs et ils en goûtent les douceurs; mais les plaisirs mêmes, s'ils s'y abandonnent sans ménagement; s'ils n'observent pas les règles de la modération, dans ceux de la table et de l'amour ; s'il leur survient quelque peine d'esprit, qu'ils soient témoins de quelque scène désagréable; s'ils sont surpris par un événement imprévu ; si leur imagination est troublée par des soins domestiques ; si la constitution de l'air change tout d'un coup ; si le temps devient couvert, froid, pluvieux, nébuleux ; si les vents prennent une direction contraire à celle qu'ils avaient; il se fait alors une révolution subite dans leur machine frêle et sensible; la transpiration arrêtée ou supprimée les expose aux mêmes accidents : ils deviennent chagrins, inquiets, mélancoliques ; tout leur déplaît ; leurs amis les ennuient, tout ce qui les entoure les fatigue; ils soupirent après la solitude, ils voudraient rester seuls et isolés et, si on les quitte, ils se plaignent qu'on les abandonne ; ils courent après les remèdes, refusent souvent ceux qu'on leur donne ; ils consultent leurs médecins, ne font presque jamais la moitié de ce qu'on leur prescrit; ils voudraient en changer chaque jour ; ce sont des êtres malheureux pour eux-mêmes et fatigants pour les autres : la plupart de ces accidents dépendent surtout de l'hypocondrie, qui est plus longue, plus difficile et plus rebelle au traitement que l'hystérie, dont les accès se manifestent chez les femmes par quelques-uns des symptômes dont je viens de parler, et auxquels il s'en joint plusieurs autres qui ne sont pas aussi familiers aux hommes.

« Elles éprouvent des maux de tête plus ou moins profonds; quelquefois elles se plaignent d'une douleur aiguë semblable à celle que leur causerait un clou qu'on leur enfoncerait dans le crâne; c'est ce qu'on nomme *clou hystérique*; elles ont des sifflements et des bourdonnements d'oreilles, des vertiges, des tremblements, des palpitations, des lassitudes, des engourdissements; elles crient, chantent et pleurent sans sujet: l'estomac devient tendu et boursoufflé; elles rendent beaucoup de vents par la bouche; ce symptôme est aussi familier aux hommes hypocondriaques; quelques-uns sont exposés à des sensations passagères de froid et de chaud dans les différentes parties du corps, et particulièrement à la tête et le long de l'épine du dos; à des suffocations alarmantes; d'autres éprouvent une toux sèche, convulsive, des crachotements incommodes, des douleurs de dents, des battements aux artères mésentériques, cœliaques, à l'aorte, aux carotides; le pouls est petit, inégal, intermittent; quelquefois même il se perd, les extrémités sont froides : dans les paroxismes les plus violents, les femmes éprouvent un étranglement à la gorge, (boule hystérique) des convulsions, des syncopes; elles perdent la parole, le pouls parait éteint, elles sont sans mouvement, et, si on ne s'était pas familiarisé avec ces accidents, quelquefois on les croirait mortes.

« Il résulte de tous ces phénomènes auxquels je pourrais en ajouter beaucoup d'autres communs aux deux sexes que, dans les affections vaporeuses, ce sont les nerfs qui jouent le principale rôle : on doit sentir que cette maladie qui a ses temps de rémissions, et dont les paroxismes sont plus ou moins fréquents, plus ou moins violents dans les divers sujets, ne peuvent pas dépendre du racornissement, de la crispation des nerfs, ainsi que le pretend Pomme, qui prend sans doute l'effet pour la cause; aussi les bains, les pédiluves, l'eau de veau, de poulet, le petit lait et tous les autres délayants, dont on peut tirer le plus grand parti, durant les paroxismes, sont presque toujours insuffisants pour guérir ces maladies.

« On a dû observer que chez les hypocondriaques ainsi que chez les femmes hystériques et vaporeuses, l'estomac est constamment lésé, qu'il ne fait jamais parfaitement ses fonctions : les preuves s'en tirent du désordre des digestions; le plus souvent, les vaporeux ont un appétit désordonné, rien ne peut les satisfaire; ils mangent avec une avidité incroyable; à peine sont-ils sortis de table qu'ils s'y remettraient pour commencer un nouveau repas : d'autrefois ils sont dégoûtés; rien ne les tente, ils ont une paresse pour manger, dont ils ignorent la cause, et, en général, toutes leurs digestions sont longues, lentes, pénibles, laborieuses et fatigantes : ils sont tourmentés par des vents incommodes, des rapports acides, nidoreux, des aigreurs, des chaleurs âcres et cuisantes; ils rendent par la bouche une pituite abondante, insipide, claire, ténue et quelquefois glaireuse : ils ont ordinairement le ventre serré, ils sont constipés, leurs garde-robes sont rares, difficiles, laborieuses, leurs excréments durs, noirs, séparés; d'autrefois, les matières sont liées, liquides, le ventre est libre, les déjections sont glaireuses, bilieuses, etc. Ces différentes manières d'être dépendent toujours du degré de tension et de relâchement du système nerveux et membraneux; et quoique les paroxismes vaporeux se manifestent quelquefois après des excrétions abondantes et d'une bonne consistance, les malades n'en font pas moins des vœux pour la facilité de leurs garderobes; ces sortes d'excrétions leur font éprouver un bien-être auquel ils ne sauraient assigner aucun prix. Lorsque le ventre est le plus opiniâtrement constipé, les urines sont claires, limpides, fréquentes, abondantes; dans cet état elles sont l'annonce d'un paroxisme prochain, et c'est alors le temps de faire usage de l a méthode recommandée par Pomme : enfin tous les vaporeux éprouvent, dans des degrés différents, les accidents divers qui servent à caractériser les mauvaises digestions.

« Il ne suffit pas, dans le traitement des maladies vaporeuses, d'avoir égard aux solides, on doit encore considérer l'état des fluides. Comme les paroxismes hystériques et hypocondriaques sont toujours accompagnés de l'érétisme et de la crispation des parties nerveuses, et particulièrement de celles de l'estomac et du canal intestinal, le mouvement des liquides et leur circulation doivent être singulièrement gênés pendant ces accès, qui sont souvent très longs, et dont les retours sont quelquefois fréquents : les tubes capillaires séreux, sanguins, lymphatiques, les vaisseaux chilifères, vasculeux, glanduleux; enfin tous les petits vaisseaux de quelque nature qu'ils soient, et quelque forme qu'ils puissent avoir, doivent être nécessairement dans un état de gêne, de contrainte, de spasme, de crispation qui les force à refuser le passage aux fluides pour lesquels ils sont destinés; d'où il résulte que se trouvant arrêtés dans leur cours, ils doivent s'épaissir, se condenser et conséquemment fermer, boucher, engorger les tubes capillaires ; et c'est de la multiplication de ces petites crétions, de ces oblitérations particulières que naissent les grandes obstructions et ces altérations organiques qui nous étonnent quelquefois par leur volume, leurs formes, leur structure, leur situation et leur étendue. Le nombre des vaisseaux étant ainsi considérablement diminué, les fluides circulent avec d'autant plus de peine que les obstacles sont plus considérables et plus multipliés; les humeurs doivent donc changer de nature et acquérir des qualités différentes de celles qui constituent la bonne santé. Ainsi, lorsque ces maladies sont anciennes et invétérées, les solides et les liquides sont également viciés ; et, dans le traitement, il faut avoir égard non-seulement aux divers degrés d'altération des fluides, mais encore à l'état des solides, d'où il résulte qu'on ne doit pas s'attacher uniquement à restituer aux solides la souplesse qu'ils ont perdue, à les relacher, à les détendre, mais il faut encore ouvrir les vaisseaux fermés, oblitérés, obstrués; détruire les concrétions lymphatiques, et rendre, en général, à toutes nos humeurs, autant au moins que la chose est possible, et que l'état des malades le comporte, la fluidité et la consistance qui leur sont naturelles.

« J'ai déja fait observer que l'expérience nous avait appris que, dans les affections vaporeuses, l'estomac et les autres viscères, qui servent à la digestion, étaient toujours principalement et particulièrement affectés : on doit sentir que l'altération et la dégénération de nos humeurs dépendent primitivement du dérangement des organes digestifs ; car, si la digestion se fait mal, le chyle qu'elle fournit manque des qualités requises pour former le sang, la lymphe, ainsi que les autres fluides, et les constituer tels qu'ils doivent être pour la conservation et l'entretien de la santé ; ainsi, il est essentiel de fixer principalement ses regards sur les vices digestifs, afin d'y remédier par les secours les plus sûrs et les moyens les plus puissants.

« Les organes digestifs étant une fois rétablis, les sucs nourriciers qu'ils fourniront deviendront propres à réparer les pertes que nous faisons continuellement par les voies ouvertes pour toutes les excrétions : alors les solides auront plus de consistance ; ils résisteront mieux aux impulsions étrangères ; l'air et les différentes modifications ne feront pas la même impression sur le système nerveux ; il ne sera plus ni si sensible, ni si irritable ; il diminuera de mobilité ; les perceptions, il est vrai, en seront moins vives, les sensations agréables moins délicieuses ; mais les pertes que les malades feront de ce côté peuvent-elles entrer en considération avec les peines, les douleurs et les souffrances qu'ils éprouvent, lorsque des objets désagréables les affectent.

« Les eaux de Chateldon, en rétablissant les digestions, concourent donc d'une manière puissante à la guérison des maladies vaporeuses, et parmi les eaux acidules, ferrugineuses et alcalines, je n'en connais pas, j'ose le dire, dont les effets soient plus assurés et plus constants, pour opérer cette importante révolution, que celles de Chateldon. C'est à la présence de l'acide carbonique dont elles sont si abondamment pourvues ; c'est à son mélange avec un oxide de fer et aux sels alcalins qu'elles contiennent qu'on doit attribuer ces propriétés.

« Quoique les eaux de Chateldon soient un apéritif doux et fort actif, il peut pourtant arriver que ce remède soit insuffisant, pour enlever les embarras qui se sont formés dans les viscères du bas ventre, surtout si les engorgements ont une certaine étendue et qu'ils aient acquis beaucoup de consistance : on peut alors associer à ces eaux d'autres apéritifs, des fondants plus actifs : c'est à la prudence du médecin à en faire le choix, et à en diriger l'application : dans ces circonstances et dans plusieurs autres où je ne crois pas les eaux assez actives pour détruire les obstructions, enlever les engorgements, ouvrir les couloirs, et ramener la vie dans la partie malade, je leur associe des pilules savoneuses et fondantes, que je fais préparer avec l'extrait de quelques plantes mucilagineuses et apéritives qui, en se prêtant à l'action des eaux, en reçoivent elles-mêmes des secours pour agir avec plus d'efficacité sur les parties obstruées et engorgées; mais de quelque espèce que soient les remèdes que l'on jugera à propos d'associer aux eaux, on doit avoir l'attention de n'en employer aucun qui puisse agacer et irriter le système nerveux qu'il ne faut jamais perdre de vue dans le traitement de ces maladies.

« Indépendamment de ces moyens curatifs, les malades ne sauraient apporter trop d'attention pour se garantir des dangers et des accidents auxquels les exposent les changements subits de l'atmosphère; ils doivent donc être suffisamment couverts afin d'entretenir la transpiration autant qu'ils le pourront dans la même égalité; mais il ne faut pas, pour cela, qu'ils mènent une vie trop sédentaire; au contraire l'exercice leur est absolument indispensable; celui du cheval leur convient le mieux; les longues promenades à pied et par un temps doux et agréable leur seront aussi salutaires.

» Le régime de la table doit être encore d'une très grande considération pour ces malades: les hypocondriaques et les femmes hystériques doivent donc se nourrir d'aliments faciles à digérer; ne jamais surcharger leur estomac, et attendre la fin d'une digestion, avant de commencer un nouveau repas,

» Il est inutile d'avertir que les vaporeux doivent se livrer à tous les genres de distractions qui leur sont agréables, pourvu cependant qu'ils ne commettent pas d'excès dans leurs plaisirs; ils éviteront avec soin les spectacles douloureux les assemblées tristes et chagrines, la compagnie des personnes qui leur déplaisent, la solitude, la contention d'esprit, les longues méditations, les craintes, la gêne, l'étiquette du grand monde; enfin, ils doivent se conduire, à cet égard, comme des malades auxquels le régime de ceux qui se portent bien ne convient pas. »

Cette digression, extraite du traité des eaux de Chateldon, par le docteur Desbrest, mon grand' père, m'a entrainé, peut-être, un peu plus loin que je me l'étais proposé d'abord, mais comme elle est toute à l'avantage des malades, j'ai cru qu'elle trouvait naturellement sa place dans un ouvrage destiné à faire connaître les vertus bienfaisantes de ces eaux minérales.

Au reproche qu'on pourrait m'adresser d'avoir beaucoup trop généralisé les propriétés des eaux de Chateldon, et de leur en donner même qui, en apparence, impliquent contradiction, telles que celles d'être toniques, apéritives et rafraîchissantes, je répondrai que cette objection, qui pourrait séduire, de prime-abord, quelques esprits peu attentifs, est sans fondement. Les médecins éclairés et observateurs, savent très bien que l'action des eaux minérales est relative à leurs principes constitutifs et à la disposition des organes sur lesquels ils agissent, et que le même breuvage pris dans des cas différents opère des effets différents. Je m'explique : un remède peut tendre les solides, les fortifier en donnant du ressort aux fibres qui les composent, et, dans une autre circonstance, ce même remède peut les détendre et les relâcher, en corrigeant les fluides qui tenaient les fibres dans un état de constriction, d'irritation et de spasme. C'est ainsi que les eaux de Chateldon agissent comme toniques, à raison du fer qu'elles contiennent, lorsqu'on les emploie dans des maladies qui dépendent de la faiblesse, du relâchement et de l'inertie des solides ; et dans des cas opposés, elles deviennent modératrices du cours du sang, si la rapidité en est excessive, à cause de leurs parties salines et du principe gazeux dont ces eaux sont pourvues.

Chapitre 3.

DU MODE D'ADMINISTRATION DES EAUX DE CHATELDON.

C'est principalement à l'intérieur qu'on fait usage des eaux de Chateldon. La dose ordinaire est d'une à deux pintes par jour, prises le matin pures et à jeun, en mettant une demi heure d'intervalle entre chaque verre. On peut, sans inconvénient, en prendre une plus grande quantité; ce sont, d'ailleurs, les circonstances et la nature de la maladie qui doivent en déterminer la dose.

L'eau de Chateldon, seule ou mêlée avec le vin, facilite singulièrement la digestion, et c'est surtout dans le cas de mauvaise digestion et des maladies de l'estomac que j'en conseille l'usage aux repas. Si, après avoir mangé, on ressent des aigreurs, des pesanteurs, des gonflements à l'estomac, un verre ou deux de ces eaux bues après le diner, font disparaître tous ces accidents.

Dans les phlegmasies cutanées et dans les maladies nerveuses, nous faisons prendre des bains tempérés, préparés avec de l'eau minérale de Chateldon, en y ajoutant, soit moitié, soit un tiers d'eau douce convenablement chauffée, et ces bains aident beaucoup l'action des eaux prises à l'intérieur. Ces bains, en général, doivent marquer de 20 à 30 degrés + 0 au ther. R^r., et leur durée est de trois quarts d'heure ou d'une heure.

Les eaux de Chateldon, auxquelles on découvre, tous les jours, de nouvelles propriétés, ne sont jamais nuisibles à la santé. On peut les prendre sans déranger son régime habituel et sans renoncer à l'usage des fruits et des légumes. Elles s'allient très bien avec le lait : il est même utile parfois de les couper avec ce liquide, lorsque la poitrine est faible et délicate et qu'il y a de la toux.

Quoiqu'il ne soit pas nécessaire de se purger avant de commencer les eaux de Chateldon, il peut pourtant y avoir telle circonstance qui exige l'emploi d'un léger *minoratif* : on doit toujour^s s'en rapporter à la prudence de son médecin : J'ai vu quelquefois ces eaux passer avec peine dans les premiers jours, couler ensuite avec la plus grande facilité après une légère purgation : ainsi, à cet égard, je ne saurais établir aucune règle générale ; mais je crois devoir prévenir que, si l'on tourmente les malades par de fréquents purgatifs, tandis qu'ils boivent les eaux de Chateldon, on ne doit s'attendre à presqu'aucuns des bons effets qu'elles ont coutume de produire, lorsqu'on les prend avec la sagesse et la prudence qu'il con vient d'employer.

Les effets que produisent les eaux de Chateldon sont plus ou moins prompts, plus ou moins sensibles et dépendent de l'intensité de la maladie, de son ancienneté et de la constitution du malade. Dans les maladies de l'estomac, les pâles couleurs, les fleurs blanches, le dérangement des menstrues, etc., elles manifestent promptement leurs vertus bienfaisantes; et, si quelques malades n'en éprouvent pas des effets aussi prompts et aussi constants, c'est plutôt leur faute que celle du remède, car il y a telles maladies anciennes et opiniâtres pour lesquelles il convient d'en continuer l'usage pendant six mois et même davantage, tandis qu'un mois ou six semaines peuvent suffire dans une circonstance différente.

Comme la petite ville de Chateldon est dominée par les montagnes du Forez et de l'Auvergne, on y éprouve, durant les équinoxes, des variations atmosphériques assez fréquentes. En général, pendant l'été, la température y est douce et constante : ainsi le moment le plus favorable pour prendre les eaux de Chateldon est depuis le mois de mai jusqu'au commencement de septembre. La durée moyenne de la saison est d'un mois à six semaines.

Chapitre 4.

DES EAUX DE CHATELDON TRANSPORTÉES, MANIÈRE DE LES PRENDRE, MOYENS DE SE LES PROCURER ET DE LES CONSERVER.

—

Les eaux de Chateldon, ainsi que toutes les eaux minérales, ont une plus grande énergie, lorsqu'on les boit sur les lieux mêmes, *dulciùs ex ipso fonte bibuntur aquæ*. Néanmoins ces eaux supportent très bien le transport et se conservent long-temps sans éprouver aucune décomposition qui en altère les propriétés médicinales, avantage que ne présentent pas ordinairement les eaux thermales, dont le gaz s'évapore beaucoup plus facilement, et qui n'ont réellement de la vertu qu'à leurs sources. Je conserve des eaux de Chateldon, depuis plusieurs années, dans un endroit frais, et ces eaux ont encore toute leur saveur et tout leur montant. Par le transport, les eaux de Chateldon laissent déposer une très petite quantité de péroxide de fer, qui apparait sous forme de petites paillettes, lorsqu'on agite le vase où ces eaux sont contenues. Ce léger dépôt, loin de nuire à leurs propriétés, a même cela d'avantageux qu'on peut le laisser au fond des bouteilles si l'estomac des malades ne s'accommode pas de l'action du fer à cause de sa trop grande sensibilité. Ainsi donc, ces eaux ont le double avantage d'agir comme ferrugineuse et toniques ou simplement comme calmantes, apéritives et rafraîchissantes, propriétés qu'il est rare de trouver réunies dans la plupart des eaux minérales.

On boit les eaux de Chateldon transportées dans tous les temps de l'année : il faut les boire froides ou légèrement dégourdies au bain marie. Froides elles sont plus salutaires, et conviennent mieux aux estomacs faibles et paresseux.

La dose ordinaire est d'une à deux pintes par jour, prises le matin pures et à jeun et aux repas mêlées avec le vin. Elles rendent le vin plus piquant et plus agréable.

Depuis que la chimie s'est enrichie de nouvelles découvertes, et qu'on s'est assuré qu'il entrait dans la composition de beaucoup d'eaux minérales une plus ou moins grande quantité de gaz acide carbonique, on a cherché à imiter les eaux naturelles, pensant qu'on avait sous la main les moyens d'en préparer de semblables.

Tout en reconnaissant l'utilité de la chimie dans ce genre de recherches, les médecins observateurs savent très bien que les procédés dont l'art se sert en pareille circonstance, sont, quoiqu'on en puisse dire, fort inférieurs à ceux que la nature emploie dans ses opérations ; et, comme les eaux naturelles possèdent des propriétés occultes qui, comme le disait Bordeu, échappent à tous nos moyens vulgaires d'investigation, c'est de leurs sources mêmes que nous devons les tirer, lorsque nous ne pouvons nous rendre sur les lieux pour les boire.

On est déja si convaincu de l'efficacité des eaux de Chateldon pour conserver et rétablir la santé, qu'on en sert journellement sur les tables des personnes les plus distinguées.

Les gourmets les mêlent avec leur vin et les préfèrent aux eaux artificielles de Seltz.

La consommation des eaux de Chateldon est déja si considérable qu'on cherche à les contrefaire, et qu'on vend, sous le nom d'eau de Chateldon, des eaux factices ou qui viennent d'une autre source et auxquelles on ne trouve ni goût, ni qualité. (1)

Pour éviter de semblables abus, chaque envoi sera accompagné d'un certificat signé de M.

---

(1) Les eaux naturelles de Chateldon, mélées avec le vin en changent un peu la couleur. Elles ont un goût si agréable et si particulier qu'il n'est pas possible, en leur en substituant d'autres, de tromper les personnes qui en ont déja fait usage.

Desbrest. Il a seul la disposition des fontaines ; on n'en délivre pas sans un ordre de sa part ; toutes les bouteilles doivent porter l'empreinte de son cachet.

Pour conserver les eaux de Chateldon, on doit tenir les bouteilles à la cave ou dans un autre lieu frais, et ne les déboucher qu'au moment de les boire.

On les expédie en caisses de 54, 40, 32, 28, 24, 16, et 12 bouteilles.

Pour se procurer des eaux de Chateldon naturelles et très pures, il faut s'adresser à M. Desbrest, qui en est le médecin-inspecteur. C'est à Cusset, près Vichy, qu'on doit lui écrire en affranchissant les lettres.

On peut aussi s'adresser, pour les avoir sûrement et promptement:

A Paris,

Chez M. HOTTOT CHOMEL, Pharmacien, rue du faubourg Saint-Honoré, n. 21.

Chez M. FAVREUX-POULARD, rue Grenelle Saint-Honoré, n. 37.

Chez M. SALMON, rue des Arcis, n° 11.

Chez M. TRABLIT, successeur de Royer, rue Jean-Jacques Rousseau, n. 21.

Chez M. BONCOMPAGNE, rue Jean-Jacques Rousseau, n. 20.

A Lyon, à l'ancienne maison Percet, chez BERNARD, herboriste, place des Carmes, n. 5.

A Tours, chez M. MIQUE, Pharmacien, rue Royale, n. 27.

A Orléans, chez M. Léon-Félize BIGOT, pharmacien-droguiste, rue Royale, n. 50.

A Moulins, chez M. REIGNIER, pharmacien, près le Palais de Justice.

A Clermont-Ferrand, pharmacie de M. LECOQ, rue Ballainvilliers, n. 20.

QUATRIÈME PARTIE.

OBSERVATIONS SUR DIVERSES MALADIES TRAITÉES PAR LES EAUX DE CHATELDON.

Quoique la découverte des eaux de Chateldon ne soit pas aussi ancienne que celle de beaucoup d'eaux minérales de la même espèce, elles n'en ont pas moins acquis, depuis plus de 50 ans, une réputation méritée ; et si je voulais passer en revue toutes les observations publiées par feu le docteur Desbrest, sur les effets salutaires de ces eaux minérales, j'en ferais un gros volume.

Pour ne pas fatiguer les lecteurs par des répétitions inutiles, je crois devoir me borner à celles qui peuvent le mieux faire connaître les véritables propriétés des eaux de Chateldon.

Si, dans les observations qui vont être présentées, je ne nomme pas toutes les personnes qui en font le sujet, c'est que je connais les bornes dans lesquelles un médecin doit se renfermer.

Ces observations pourront, en quelque sorte, servir de pièces justificatives de ce qui a été dit dans les chapitres précédents.

1ʳᵉ Observation.

« Madame la comtesse de la Noue, d'un tem-
» pérament bilieux, avait l'estomac dérangé
» depuis bien des années : son sommeil était
» interrompu, agité, fatigant ; elle passait peu
» de bonnes nuits ; toutes ses digestions étaient
» pénibles, laborieuses, un dévoiement habituel
» la tourmentait et elle manquait d'appétit ;
» quoique son médecin n'eût pas jugé à propos
» de lui laisser prendre les eaux de Chateldon,
» dans le temps où elle se proposait d'en faire
» usage, sans doute, parce qu'il ne les connais-
» sait pas encore assez, cette dame ne laissa pas
» de les essayer, et elle s'en trouva si bien que,
» de son propre motif, elle se détermina à les
» continuer ; le succès a répondu à son attente :
» les voies digestives se sont parfaitement réta-
» blies, le dévoiement a cessé, l'appétit est re-
» venu, et maintenant cette dame parait se bien
» porter. »

2ᵉ Observation.

« Le cuisinier des religieux de Montpéroux,
» âgé d'environ trente cinq ans, était attaqué,
» depuis deux ans, d'une fièvre intermittente

» dont les types avaient souvent changé de forme :
» elle avait été tierce, quotidienne, double tierce;
» les viscères du bas ventre, le foie, la rate, les
» glandes mésentériques étaient obstruées : il était
» épuisé, sans forces, le teint hâvre et livide, se
» soutenant avec peine; il aurait pu passer pour
» un cadavre ambulant : le chirurgien de sa
» maison lui conseilla les eaux de Chateldon,
« comme la dernière ressource qui lui fut offerte;
» il alla s'établir chez les pères cordeliers de cette
» ville, où il but les eaux pendant six semaines
» avec un succès dont il n'aurait pas dû se flat-
» ter : la fièvre lente qui le consumait se dissipa
» au bout de quinze jours; l'appétit, les forces,
» et l'embonpoint revenaient à vue d'œil; les
» viscères du bas ventre reprirent leur souplesse
» ordinaire; les obstructions disparurent : il
» jouit actuellement de la plus parfaite santé. »

3 Observation.

» M. Delongeville, habitant de la ville de
» Ris, éprouvait depuis long-temps des maux
» d'estomac habituels ; ses digestions étaient
» aussi difficiles que longues, pénibles et labo-
» rieuses : il mangeait sans goût et sans appétit.
» On néglige souvent ses propres richesses pour
» courir à de l'or étranger. M. Delongeville,

» ennuyé de tous les remèdes dont on l'avait acca-
» blé, n'avait jamais pensé aux eaux de Chatel-
» don qui sont à sa porte. Un de ses amis qui
» les avait prises avec succès, dans un cas diffé-
» rent, l'invita à les essayer: il se rendit sur les
» lieux dans le mois de juillet dernier pour les
» prendre à la source même : il y a trouvé le
» remède qui lui convenait. »

4ᵉ Observation. — *Gastro-Entéralgie.*

M. D. âgé de 37 ans, d'une constitution nerveuse et délicate, était sujet, depuis son enfance,
à des crampes d'estomac, et rendait, assez souvent, après ses repas, de l'eau claire et quelques
gorgées de salive. Malgré cette faiblesse héréditaire des voies digestives, M. D. avait conservé
de l'embonpoint, de la fraîcheur et toutes les
apparences d'une bonne santé, lorsqu'il y a environ huit ans, à la suite d'émotions morales très
vives, de chagrins prolongés et d'une application
soutenue à l'étude, il vit ses digestions devenir
de plus en plus difficiles, et éprouva les symptômes suivants :

Pesanteur et tiraillement à l'épigastre, rapports,
flatuosités; langue épanouie, couverte les matins
d'un enduit jaunâtre, n'offrant aucune rougeur
à sa pointe; salivation cinq ou six heures après

le repas, suivie par fois, de vomissements plutôt glaireux que composés de substances alimentaires, et cela lorsque la sensibilité de l'estomac était portée à un degré extrême; appétit soutenu, quelquefois même très vif; l'ingestion des aliments semblait calmer les souffrances, et, si les aliments réveillaient les douleurs d'estomac, ce n'etait que long-temps après qu'ils avaient été pris. M. D. avait des hémorrhoïdes internes qui fluaient rarement : il n'allait ordinairement à la garde-robe que par lavements, et rendait presque toujours des matières dures, noirâtres et séparées ; il était sans-cesse tourmenté par des borborygmes, des coliques flatulentes, des rapports ; ces rapports n'avaient ni mauvaise odeur, ni causticité ; et, après l'émission de quelques gaz par la bouche ou l'anus, soulagement très marqué : les urines étaient limpides et abondantes ; son sommeil tantôt bon et tantôt agité, et quelquefois nul ; sa physionomie était inquiète, son teint assez naturel ; il y avait chez M. D. absence de fièvre : interruption de tous ces symptômes pendant quelque temps, mais rechutes très faciles. Les variations brusques de l'atmosphère, et particulièrement les temps orageux, toute émotion un peu vive de l'ame, des veilles prolongées, le plus léger écart de régime, l'abstinence, un exercice forcé du corps, suffisaient, le plus ordinairement, pour réveiller les douleurs d'estomac, et faire perdre à ce malade tout espoir de guérison.

Un régime assez sévère et suivi avec persévérance pendant plusieurs années; quelques applications de sangsues à l'épigastre et à l'anus; des remèdes pris tantôt dans la classe des tempérants et dans celle des amers; de légers minoratifs pour faciliter les garde-robes ; les eaux de Vichy, prises en bains et en boisson, n'ayant produit aucune amélioration sensible dans son état, c'est dans une situation aussi fâcheuse que M. D. vint me consulter. Il était alors très maigre et très faible, et paraissait éprouver un dégoût profond de la vie. Après avoir palpé, avec le plus grand soin, la région épigastrique et, m'être assuré qu'il n'y avait aucune altération organique des viscères abdominaux, je conseillai à ce malade l'usage des eaux de Chateldon, regardant ce remède comme très propre à le soulager.

Je prescrivis d'abord ces eaux à la dose de deux verres, prises le matin pures et à jeun, et, comme elles passaient très bien, j'en fis bientôt prendre deux pintes par jour.

Ce traitement, continué pendant six mois de suite, produisit une amélioration très marquée dans l'état de M. D. Les douleurs épigastriques, qui diminuaient d'intensité par intervalle, pour

revenir avec toute leur force à des époques plus
ou moins régulières, se calmèrent presque tout-
à-fait; les vomissements glaireux cessèrent au
bout d'un certain temps, ainsi que les nausées
et les rapports, qui avaient ordinairement lieu
après le repas; les selles devinrent plus faciles et
plus naturelles ; les battements des artères du
tronc cœliaque ne se firent plus sentir; le sommeil fut meilleur ; l'appétit se régla ; les forces
augmentèrent ainsi que l'embonpoint, et M. D.
qui avait l'intime persuasion d'avoir une maladie
mortelle, a vu sa santé se rétablir sous l'influence
des eaux de Chateldon.

Il y a près de deux ans que M. D. fait
usage des eaux de Chateldon à ses repas, et, s'il
continue cette boisson, c'est plutôt par goût que
par besoin.

5ᵉ Observation.—*Leucorrhée.* (Pertes blanches.)

« Une dame de trente-cinq ans, qui avait
» fait beaucoup d'enfants, avait depuis deux ans,
» époque de sa dernière couche, des pertes blan-
» ches continuelles et abondantes; elle était si
» faible et si maigre qu'elle marchait avec peine :
» cette dame était dégoûtée et éprouvait, par
» intervalles, des suffocations qui faisaient crain-
» dre pour ses jours. Après avoir inutilement

» tenté différents remèdes, je lui conseillai les
» eaux de Chateldon qu'elle prit pendant deux
» mois consécutifs. A peine en eut-elle commencé
» l'usage, que les pertes disparurent : l'appétit,
» les forces et l'embonpoint revinrent presque
» aussitôt. Six mois après, elle redevint enceinte,
» et ses couches furent suivies des mêmes pertes;
» elle eut recours de nouveau aux eaux de Cha-
» teldon : quinze jours de leur usage suffirent
» pour la guérir. Cette dame a continué à jouir,
» depuis cette époque, d'une bonne santé ; elle
» a même fait un autre enfant, sans éprouver les
» accidents de ses couches précédentes.

6ᵉ OBSERVATION.—*Leucorrhée.*(Pertes blanches.)

Mᵐᵉ T. âgée de 32 ans, d'une constitution assez délicate, douée d'un tempérament lymphatique et nerveux, était sujette, avant son mariage, à des pertes blanches et à un dérangement dans les phénomènes de la menstruation. Durant les premières années de son mariage, sa santé fut assez bonne ; mais la leucorrhée, qui paraissait guérie, ayant reparu, après un accouchement laborieux, jeta bientôt cette malade dans un état de langueur et de souffrance.

Un écoulement leucorrhoique, assez abondant, d'un blanc jaunâtre, avait lieu par les parties génitales, et cet écoulement était accompagné de demangeaisons assez vives dans le vagin, de pesanteur à l'hypogastre et de douleurs de reins.

A ces symptômes locaux se joignait un dérangement marqué dans les fonctions digestives. La malade éprouvait des tiraillemens habituels à l'épigastre; ses digestions étaient longues, pénibles, suivies par fois de vomissements; la face était pâle et bouffie; les extrémités abdominales légèrement œdématiées : Mme T. se plaignait d'une faiblesse extrême dans les membres; elle avait du dégoût pour les plaisirs, cherchait la solitude, et une tristesse profonde était peinte sur ses traits : son sommeil était tantôt bon et tantôt agité.

Après avoir subi infructueusement plusieurs traitements, et avoir pris, plusieurs années de suite, les eaux de Vichy, Mme T. ne trouvant aucun soulagement à ses maux, essaya les eaux de Chateldon, dans le courant du mois d'août dernier,

A peine la malade eut-elle fait usage de ces eaux, que l'on vit diminuer les pertes blanches; les cuissons furent moins vives ; les douleurs de reins disparurent; l'appétit se régla; les digestions cessèrent d'être aussi laborieuses, et la nutrition se faisant d'une manière plus régulière, les forces se rétablirent ainsi que l'embonpoint. Mme T. jouit aujourd'hui d'une santé parfaite.

7ᵉ Observation.— *Chlorose*. (Pâles couleurs.)

» Une fille de vingt-quatre ans, bien consti-
» tuée, avait eu du chagrin et de l'ennui; elle
» fut prise de pâles couleurs, précédées d'une
« suppression. Elle devint languissante; ses for-
» ces se perdirent avec son appetit; elle avait
» du dégoût pour les aliments, et on la voyait
» insensiblement dépérir. Les apéritifs, les
» emménagogues, les amers, les eaux de Vichy,
» tout avait été sans succès, je lui conseillai les
» eaux de Chateldon; elle les continua plus de deux
» mois. Pendant leur usage, on voyait revenir les
» forces et l'appétit, et les couleurs renaître;
» les évacuations périodiques se sont rétablies, et
» elles continuent à couler régulièrement. »

8ᵉ Observation.— *Chlorose*. (Pâles couleurs.)

Mademoiselle C. âgée de 19 ans, d'un tempérament lymphatique, d'une constitution assez
forte, n'avait jamais été réglée; et ce retard dans
les phénomènes de la menstruation, était accompagné de pâles couleurs. Depuis plus d'un
an, cette jeune personne, qui était naturellement
vive et enjouée, ne cherchait que le repos et la

solitude; ses forces se perdaient de jour en jour; sa figure était pâle et par fois comme verdâtre; ses lèvres étaient décolorées, ses paupières livides et légèrement tuméfiées après le sommeil, son appétit était tantôt nul et tantôt dépravé; les digestions se faisaient mal; le ventre était dur et tendu. A peine mademoiselle C. avait-elle pris quelque nourriture qu'elle sentait à la région de l'estomac un poids d'autant plus incommode que cette sensation douloureuse était toujours remplacée par le besoin de prendre de nouveaux aliments, et à peine ce besoin était-il satisfait qu'elle éprouvait la même incommodité.

A ces symptômes fâcheux, se joignaient une constipation opiniâtre et une mobilité extrême de tout le système nerveux.

Plusieurs traitements ayant été employés sans succès, je conseillai à cette malade l'usage des eaux de Chateldon: comme ces eaux passaient bien et qu'elles étaient bues avec plaisir, j'en portai la dose à deux pintes par jour, prises le matin pures et à jeun, et aux repas mêlées avec le vin. Au bout de six semaines, l'appétit se régla, et les digestions se rétablirent parfaitement. Après son départ de Chateldon, les règles ont paru; les pâles couleurs se sont entièrement dissipées; le teint s'est animé, les forces se sont rétablies, et j'ai su depuis que cette jeune personne jouissait de la meilleure santé.

9ᵉ OBSERVATION. — *Aménorrhée* (Suppression des règles.)

» Une femme, âgée de 40 ans, qui avait fait
» dix enfants, n'avait rien eu depuis deux ans,
» époque de sa dernière grossesse; elle éprou-
» vait un mal-aise, du dégoût, une pesanteur à
» la région d'estomac, des flatuosités, des rots,
» etc. Elle devint pâle et languissante; ses jam-
» bes et ses cuisses s'engorgèrent; elles devin-
» rent œdémateuses. Comme ces divers accidents
» me parurent être une suite de la suppression
» des menstrues, je lui ordonnai les eaux de
» Chateldon; après trois semaines de leur usage,
» les règles coulèrent de nouveau; l'enflure des
» cuisses et des jambes disparut, et la santé se
» rétablit. »

10ᵉ OBSERVATION. *Aménorrhée* (Suppression des règles.)

Mᵐᵉ L., d'une constitution lymphatique et nerveuse, s'était toujours bien portée pendant les premières années de son mariage, et n'avait jamais cessé d'être convenablement réglée. Un jour qu'elle avait ses règles, elle fut se promener en voiture; le cheval ayant pris le mors aux dents, la voiture versa, et cette jeune femme éprouva une si grande frayeur que ses menstrues se supprimèrent instantanément. Les premiers symptômes qui suivirent cette suppression furent un sentiment de chaleur dans la région hypogastrique, de douleur dans les lombes et de pesanteur dans le bassin; des tranchées utérines se manifestèrent ensuite avec un léger gonflement du ventre, et Mme L. se plaignait aussi d'éprouver des maux de tête très violents. Tous ces symptômes semblaient prendre une nouvelle intensité à l'approche des périodes menstruelles. On employa, d'abord, pour rappeler les règles, la saignée générale, des applications de sangsues à la vulve, à la partie supérieure des cuisses, des bains de pieds sinapisés, des bains de siége, des fumigations aqueuses dirigées vers les parties génitales, des frictions sèches, des boissons rafraîchissantes; plus tard, les amers, les emménagogues et les toniques, et malgré ces divers remèdes, l'aménorrhée persista.

Lorsque cette malade vint me consulter, elle était pâle, maigre et très faible; son regard était abattu, une tristesse profonde régnait sur son visage; elle mangeait peu et digérait mal; elle se plaignait de douleurs d'estomac et d'une insomnie continuelle; les jambes étaient œdématiées, ce qui inquiétait beaucoup Mme L. et lui faisait craindre de tomber dans l'hydropisie; les règles n'avaient pas reparu.

Cet état de mal-aise me paraissant dû à la suppression des règles, je conseillai à cette jeune femme de faire usage des eaux de Chateldon, pensant qu'elles lui seraient salutaires. Ces eaux furent prescrites pures, à la dose de trois verres chaque matin, et comme elles passaient bien, j'en ordonnai, bientôt après, deux pintes par jour.

Le premier effet de ces eaux fut de rendre l'appétit plus vif et de rétablir assez promptement les fonctions digestives. Le vingt-quatrième jour, les règles commencèrent à couler. Mme L. jouit maintenant d'une santé florissante, et n'a pas éprouvé de rechute.

11e OBSERVATION — *Dysménorrhée.*

« Une fille de trente-six ans éprouvait, depuis plusieurs années, quelques jours avant l'éruption de ses règles, des vapeurs qui s'annonçaient par un tournoiement de tête et des suffocations : le visage devenait rouge ; les yeux étincelaient ; elle poussait de profonds soupirs, qui étaient suivis d'une abondante éruption de larmes : quelquefois les membres se roidissaient ; elle perdait la connaissance et l'usage de la parole : La saignée et les bains contribuaient à la tranquilliser, mais ils ne prévenaient pas les attaques qui se renouvelaient, avec plus ou moins d'intensité, presque tous les mois. Je lui ordonnai les eaux de Chateldon qu'elle prit avec le plus grand succès, pendant trois mois. Elle jouit actuellement de la meilleure santé, et elle n'éprouve plus aucuns des accidents qui annonçaient ses maladies périodiques. »

12° OBSERVATION. — *Métrorrhagie.*

« Une dame, agée de trente-huit ans, qui n'avait point eu d'enfants depuis douze ans, mais qui s'était épuisée par les veilles, la dissipation, les plaisirs de la table et tous les amusements auxquels les femmes, qui aiment le monde se livrent avec tant d'ardeur, était exposée depuis six à sept ans à des pertes rouges très fréquentes : ces pertes étaient remplacées par des pertes blanches ; elles se succédaient alternativement les unes aux autres. La malade etait parvenue au dernier degré de maigreur; elle avait du dégoût pour les plaisirs qu'elle avait le plus aimés ; quoique naturellement gaie, causeuse et enjouée, cette dame était devenue triste, morne, silencieuse: c'était en vain qu'elle avait mis en usage les remèdes les mieux indiqués, qui lui avaient été prescrits par différents médecins, tant de la province que de la capitale. Les bains, les antispasmodiques, les toniques, les bouillons apéritifs, rafraîchissants, les incisifs, les incrassans, tous avaient été sans succès. »

« Je fus enfin consulté par cette dame à qui je prescrivis les eaux de Chateldon. A peine les eut-elle bues pendant trois semaines, qu'on vit l'appétit, la gaieté, l'enjouement et l'embonpoint succéder à la maigreur et à la tristesse ; elle continua l'usage de ces eaux encore pendant six semaines. Dès qu'elle fut entièrement rétablie, elle devint enceinte ; ses couches ont été heureuses, et elle a toujours joui de la meilleure santé. »

13e OBSERVATION. *Irrégularité des menstrues avec apparence d'un cancer à la matrice.*

Madame J. agée de 42 ans, d'une constitution délicate, douée d'un tempérament sanguin et nerveux, d'une susceptibilité extrême, avait été menstruée de très bonne heure. Mariée fort jeune et mère de plusieurs enfants, cette dame éprouva, vers l'époque à peu près ordinaire de la cessation des règles, une perte très abondante qui fut suivie d'une irrégularité remarquable de la menstruation. Un liquide tantôt roussâtre et tantôt albumineux, s'écoulait presque continuellement par les parties génitales, et cet écoulement s'accompagnait de pesanteur dans les aines et surtout dans les lombes. Cet état dura cinq ou six mois, sans que la santé de madame J. parut profondément altérée; mais, au bout de ce temps, les pertes étant devenues plus abondantes et plus fréquentes, et un sentiment de pesanteur, fixé à l'utérus, s'étant joint à des douleurs lancinantes dans cette même partie, toute l'économie parut alors recevoir l'impression de l'organe malade. La face était légèrement bouffie et la peau d'un jaune paille ; Mme. J. était inquiète sur son sort, dormait mal et avait perdu l'appétit ; un mouvement fébrile avait lieu tous les soirs; l'amaigrissement était déjà considérable, et la faiblesse si grande, qu'elle était obligée de garder continuellement le lit.

La marche de cette maladie, ses symptômes, faisant soupçonner un cancer de l'utérus, plusieurs chirurgiens très habiles proposèrent un traitement méthodique dans le but d'arrêter les progrès du mal. Sous l'influence de ce traitement, la maladie, loin de diminuer, allant toujours en augmentant, on lui conseilla les eaux de Chateldon, plutôt comme un remède prophylactique que comme un moyen assuré de guérison. Après avoir fait usage de ces eaux pendant six semaines consécutives, on vit survenir une amélioration notable dans l'état de la malade. Les pertes ayant diminué d'une manière sensible, devinrent plus régulières, cessèrent ensuite entièrement, et avec elles les douleurs lancinantes fixées au col de l'utérus ainsi que l'écoulement séropurulent qui se faisait par le vagin : l'appétit augmenta, la fièvre disparut; les forces se rétablirent, et madame J. jouit aujourd'hui d'une très bonne santé.

14° OBSERVATION. *Vapeurs.*

« Madame Mendouze, demeurant à Paris, était exposée, depuis long-temps, à des attaques convulsives qui revenaient souvent, et qui faisaient craindre pour ses jours : les forces étaient épuisées; l'estomac ne faisait plus de fonctions; l'appétit était perdu, et on voyait cette jeune femme dépérir insensiblement. La plus terrible de ses attaques avait été suivie d'une affection léthargique qui avait duré près de trois jours. Échappée de cet accident terrible par les secours que l'on sut employer à propos, on chercha les moyens d'en prévenir de semblables; toutes les tentatives qui furent faites dans cette vue ne donnèrent pas de grandes espérances; les attaques convulsives étaient moins violentes que la dernière, mais elles se répétaient souvent. Les eaux de Chateldon, précédées de quelque bains, l'ont si bien rétablie, qu'elle a toujours continué à jouir de la meilleure santé. »

15ᵉ OBSERVATION.

« Une paysanne de la paroisse de la Chapelle, à deux lieues de Cusset, âgée de quarante-deux ans, et mariée depuis dix-huit, qui n'avait jamais eu d'enfants, était sujette, depuis six ans, à une colique d'estomac dont elle souffrait cruellement: cette colique se faisait sentir assez régulièrement à peu près vers le temps où ses règles devaient couler : jamais elle n'avait été bien réglée. »

« Lorsque je fus consulté par cette femme, mes indications se réduisirent à la délivrer de cette colique et à rétablir l'ordre de ses évacuations périodiques, que j'en regardai comme la source. Les remèdes les plus simples et les moins coûteux sont toujours ceux qui conviennent le mieux au peuple : je lui prescrivis donc les eaux de Chateldon que l'on regarde aujourd'hui comme spécifiques pour remédier à ces dérangements. Mon frère, à qui cette femme est attachée, les lui fit porter à la campagne où elle demeure : au bout de cinq semaines de leur usage, les maladies périodiques se rétablirent; les pertes coulèrent plus abondamment qu'elles n'avaient jamais fait; elles ne furent précédées d'aucune douleur, et ce qui étonna cette femme, peut-être encore plus que moi, c'est qu'elle devint enceinte presque aussitôt : elle et son enfant jouissent de la meilleure santé. »

16ᵉ OBSERVATION.

Madame B. âgée de 35 ans, d'un tempérament lymphatique et nerveux, d'un embonpoint médiocre, d'une constitution assez faible, mariée, depuis plusieurs années, avec un homme jeune et robuste, attendait impatiemment les fruits ordinaires du mariage. Toujours trompée dans son attente, cette dame commençait à renoncer au bonheur de devenir mère. Comme elle était sujette à des fleurs blanches et que cet écoulement leucorrhoique pouvait être une cause de stérilité, elle se décida à faire usage des eaux de Chateldon, dans le but de combattre cette disposition fâcheuse des organes de la génération. Ces eaux furent bues à la dose de deux pintes par jour, pures et à jeun, et aux repas mêlées avec le vin. L'essai en fut si heureux qu'au bout de 3 mois, les fleurs blanches ayant entièrement cessé, madame B. devint enceinte et accoucha d'une petite fille qui fait aujourd'hui ses délices.

17ᵉ OBSERVATION.

Madame P. jeune et jolie femme, âgée de 25

ans, d'un tempérament sanguin, d'une forte constitution, ayant toutes les apparences d'une bonne santé, avait tellement épaissie depuis son mariage, qu'elle renonçait à l'espoir d'avoir des enfants. Comme elle était sujette à des tiraillements d'estomac, occasionnés par un écoulement leucorrhoique assez abondant, et que la menstruation se faisait difficilement, je l'engageai à prendre les eaux de Chateldon, regardant ces eaux comme très propres à remédier aux accidents qu'elle éprouvait. Je les prescrivis à cette jeune dame, dans le courant du mois de juillet dernier, à la dose de trois verres chaque matin, pures et à jeun, et aux repas mêlées avec le vin. Après trois semaines de leur usage, Madame P. est devenue enceinte : sa grossesse suit une marche régulière, et tout porte à croire que son issue sera des plus heureuses.

18e OBSERVATION. *Incontinence d'urines.*

« Un jeune homme qui avait vécu dans les plaisirs, avait eu une maladie vénérienne caractérisée par les symptômes les moins équivoques. Il fut traité méthodiquement par l'usage du sublimé corrosif. Les symptômes vénériens disparurent; mais il lui resta une incontinence d'urines, contre laquelle on employa inutilement les astringents, les toniques, les relâchans, les bains, etc. Je lui prescrivis les eaux de Chateldon qui le guérirent parfaitement dans sept semaines. »

19ᵉ OBSERVATION. *Gravelle.*

M. B. âgé de 56 ans, d'une constitution forte et robuste, d'un tempérament sanguin, d'un embonpoint assez considérable, menant une vie sédentaire et faisant habituellement bonne chère, était atteint, depuis long-temps, d'hémorroïdes internes qui fluaient rarement, et qui lui faisaient éprouver des démangeaisons très vives, chaque fois qu'il allait à la garde-robe. Malgré cette légère incommodité, M. B. paraissait se bien porter, lorsqu'il éprouva, pour la première fois, il y a environ deux ans, de la pesanteur et des douleurs déchirantes dans la région des reins et des uretères : ces douleurs avaient une marche intermittente. Durant les accès, il survenait des phénomènes fébriles, accompagnés, de temps en temps, de nausées et de vomissements. Les urines étant devenues plus rares, bien que le besoin d'uriner persistât souvent, M. B. s'aperçut qu'elles laissaient déposer, au fond de son vase de nuit, un sédiment rougeâtre, formé par de petits graviers.

Tel était l'état de ce malade, quand il réclama mes soins : d'après les symptômes qu'il éprouvait et l'examen de ses urines, il me fut facile de reconnaître qu'il était atteint de la gravelle, et que cette gravelle était presque entièrement formée par de l'acide urique. Ayant combattu d'abord les symptômes inflammatoires par les bains, la diète et le repos, j'engageai ensuite M. B. à faire usage des eaux de Chateldon, regardant ce remède comme très propre à la guérison de sa maladie. Comme ces eaux étaient bues avec plaisir, et qu'elles passaient avec la plus grande facilité par la voie des urines, j'en portai la dose à quatre pintes par jour. Le premier effet de cette boisson fut d'augmenter considérablement la sécrétion des urines, de les rendre plus aqueuses et de faire cesser les douleurs qui avaient leur siége dans la région des reins et dans la direction des uretères. Depuis cette époque, les urines de M.B. ont cessé de charrier des graviers, et il n'a plus ressenti la moindre atteinte de gravelle, malgré qu'il n'ait pas renoncé à son régime animal que l'on regarde, à juste raison, comme très propre à entretenir cette maladie, en favorisant une sécrétion trop abondante d'acide urique.

20. OBSERVATION. *Dartre vive.*

« Un homme de trente-neuf ans, qui avait beaucoup vécu avec les femmes, et qui avait eu plusieurs de ces maladies, auxquelles on est exposé, lorsqu'on s'y livre sans précaution, portait, depuis plus d'un an, une dartre qui occupait toute la face et plusieurs autres parties du corps; dans quelques endroits même, cette dartre suppurait. Les différents remèdes dont il avait usé, et qui avaient presque tous été pris dans la classe des mercuriaux, avaient été sans succès : quelques bains, le petit lait, et particulièrement les eaux de Chateldon, le guérirent parfaitement.»

21. OBSERVATION. *Couperose* (acné.)

Mademoiselle R. âgée de vingt-deux ans, d'un tempérament sanguin, d'une constitution vive et délicate, n'ayant jamais été bien réglée, fut envoyée à Chateldon pour une maladie de la peau survenue à l'époque de la puberté. La figure de cette jeune personne était couverte de pustules à l'état de suppuration, d'un rouge livide, et la difformité de ses traits était telle que l'aspect de cette malade était vraiment repoussant. Cette phlegmasie cutanée paraissait d'autant plus grave qu'elle avait résisté jusque là à un traitement méthodique, et qu'elle se trouvait liée à une affection chronique de voies digestives.

Les eaux de Chateldon, prises en bains et en boisson, produisirent une si grande amélioration dans l'état de mademoiselle R., que les personnes qui l'avaient vue venir aux eaux, avaient de la peine à croire à la métamorphose qui s'était opérée chez elle. Les pustules qui reposaient sur une base solide, après avoir cessé de fournir du pus, se désséchèrent et tombèrent comme un masque : à leur chute, la peau de son visage ressemblait à celui d'une personne qui a eu tout récemment la petite vérole; les digestions, auparavant si lentes et si pénibles, se rétablirent très promptement; l'appétit devint plus vif et les règles, qui coulaient à peine, furent plus abondantes. J'ai su, depuis, que l'amélioration obtenue dans la santé de mademoiselle R. avait été suivie d'une guerison complète, et cela au grand étonnement de la malade et de tous ceux qui en ont été témoins.

Appendice.

PROMENADE DE VICHY A CHATELDON.

Depuis un temps immémorial, les eaux de Pyremont, de Seltz et de Spa jouissent, en Allemagne, d'une réputation méritée et attirent à leurs sources un grand concours de buveurs. Il existe cependant, au fond d'une riante vallée, entre Vichy et Thiers, une petite ville fort ancienne qui porte le nom de Chateldon, et dont les eaux minérales ne le cèdent en rien à ces eaux étrangères que nous allons chercher au loin au prix de l'or.

Chateldon est situé à trois lieues de Vichy et à égale distance de Thiers, renommé par son commerce en coutellerie, ses nombreuses papeteries et son site pittoresque.

Pour faire cette promenade, on choisit une belle journée : on part au lever du soleil et on remonte la rive droite de l'Allier, en suivant la nouvelle route de Paris à Nîmes, laissant à gauche la côte Saint-Amand. En poursuivant sa route, on traverse les villages d'Abrest, de Saint-Yorre et la Maison Blanche, limite du département de l'Allier. A peu de distance de la Maison Blanche, et après avoir passé le second pont construit tout récemment sur le Vauziron, on quitte la route de Thiers pour prendre, à main gauche, un grand chemin bordé de jeunes noyers : ce chemin conduit directement à Chateldon.

A cent pas de la ville, en remontant le ruisseau qui baigne ses vieilles murailles, vous apercevez un bâtiment modeste, d'une structure moderne, au pied duquel viennent sourdre plusieurs fontaines minérales qui ont reçu le nom de sources des Vignes. Ces eaux sont froides, limpides et gazeuses; elles ont une saveur piquante et agréable; elles sont pétillantes et mousseuses. Les habitants de Chateldon font un usage journalier de ces eaux; pendant les grandes chaleurs, ils n'en boivent pas d'autres et s'en trouvent très bien. Les étrangers eux-mêmes ne passent jamais devant ces sources bienfaisantes sans en boire avec plaisir.

En pénétrant dans la vallée étroite qu'arrose le Vauziron, et à 1,200 mètres environ de la ville, on découvre un petit sentier qui conduit aux sources de la Montagne. Ces eaux moins riches en gaz acide carbonique que celles des Vignes, sont enfermées dans trois petits bassins de forme ronde et reposent sur un sol ferrugineux. Après avoir fait une visite aux sources de la Montagne, les curieux doivent s'enfoncer davantage dans la vallée, car c'est là que commencent les sites sauvages des bords du Vauziron, les belles prairies qu'il arrose et les bois taillis qui le bordent de chaque côté. En sortant de cette vallée profonde, et dès que vous avez atteint le sommet de la montagne, vous avez sous les yeux le tableau le plus magnifique et le plus varié.

Vous voyez, à vos pieds, la petite ville de Chateldon avec son antique château, le Vauziron roulant ses eaux limpides à travers des rochers d'une hauteur prodigieuse ; à gauche et derrière vous, se présentent les montagnes qui dominent la ville de Thiers, la chaîne du Forez ; en face, vous avez les châteaux de Lamotte, de Chabannes, celui de Périger, Randan et ses bois touffus, la belle Limagne et le cours sinueux de l'Allier et de La Dore, avec ses nombreuses îles plantées d'aulnes et de peupliers ; dans le lointain, on découvre Clermont avec sa cathédrale, Riom et les nombreux villages qui l'avoisinent, et au bout de l'horizon, le Puy-de-Dôme, le Mont-d'Or et les montagnes du Cantal ; à l'Ouest et au Nord, la vue embrasse les collines des environs de Gannat et d'Aygueperse, les plaines du Bourbonnais, le beau vignoble d'Abrest et la côte Saint-Amand.

Après avoir joui de ce beau spectacle et être redescendu dans le vallon, si le ciel est pur et serein, on profite de la fraîcheur et des ombrages du Vauziron pour prendre un repas champêtre, et si le temps menace, on se rend dans le bâtiment où sont situées les sources des Vignes. On regagne ensuite Vichy et ses bruyants plaisirs. Cette promenade et retour peuvent se faire en moins de six heures.

PARALLÈLE

DES EAUX MINÉRALES DE CHATELDON ET DE CELLES DES CÉLESTINS (VICHY); DIFFÉRENCE DE LEURS PRINCIPES ET DE LEURS PROPRIÉTÉS.

Depuis que le célèbre Darcet a démontré l'influence des eaux thermales de Vichy sur la nature de quelques sécrétions et particulièrement sur celles de l'urine, les eaux des Célestins attirent à leurs sources un très grand nombre de buveurs, et on les préfère aux autres dans le traitement de la goutte et des maladies des voies urinaires.

Les eaux de Chateldon, quoique moins connues

que celles des Célestins, sont cependant préférables à ces dernières dans une foule de maladies, et ne font jamais de mal aux personnes qu'elles ne soulagent pas.

Je vais faire connaitre les principes minéraux des unes et des autres, la différence de leur nature et les maladies dans lesquelles on doit plus particulièrement en faire usage.

Propriétés physiques des eaux des Célestins.

L'eau des Célestins est froide, sans odeur ; elle a une saveur plutôt salée qu'aigrelette, et cette saveur est le caractère dominant de toutes les eaux minérales de Vichy. On voit quelques bulles de gaz acide carbonique plus ou moins grosses s'élever du fond des réservoirs.

Propriétés physiques des eaux de Chateldon.

Les eaux de Chateldon sont froides, limpides et gazeuses ; elles ont une saveur piquante, aigrelette, agréable et un peu ferrugineuse ; elles sont pétillantes et mousseuses ; l'eau, examinée dans la source des Vignes, paraît être en ébullition continuelle. Ces bulles qui sont produites par un dégagement considérable de gaz acide carbonique, viennent crever à la surface de l'eau, et font entendre un bruissement remarquable. On voit un dépôt ocracé assez abondant au fond et sur les parois des bassins. Ce dépôt est un péroxide de fer. Le gaz acide carbonique libre, contenu dans les eaux de Chateldon, est très pur; il est plus abondant que celui que renferment les eaux des Célestins, et résiste davantage à l'évaporation.

Principes qui minéralisent les eaux des Célestins.

Les dernières analyses des eaux de Vichy, faites par des chimistes très habiles, indiquent les mêmes substances dans l'eau de toutes les sources, et ces substances y sont à peu près dans les mêmes proportions. La matière la plus abondante dans les eaux de Vichy est le carbonate de soude; c'est ce sel qui en fait en quelque sorte la base; et c'est à lui qu'elles doivent leurs principales vertus.

Principes qui minéralisent les eaux de Chateldon.

On trouve dans ces eaux une substance martiale plus abondante que dans celles des Célestins, qui sont à peine ferrugineuses, des carbonates de soude, de magnésie, de chaux, etc. et une assez grande proportion de gaz acide carbonique. (1)

---

(1) Hœc delibatissima illorum pars et quasi anima est, quœ

C'est à cette heureuse combinaison de leurs principes que ces eaux doivent une grande partie de leurs propriétés.

Propriétés médicinales des eaux des Célestins et de celles de Chateldon.

La différence des principes qui minéralisent les eaux de Chateldon et celles des Célestins, explique la différence qui doit exister dans leurs propriétés médicinales. Les premières, plus riches en gaz acide carbonique et en substances ferrugineuses, conviennent beaucoup mieux dans les pâles couleurs (chlorose), les fleurs blanches, (leucorrhée), dans le dérangement des règles, leur suppression, dans le dégoût, la tension de l'estomac, les flatuosités, l'hypocondrie, l'hystérie, et dans toutes les irritations nerveuses de l'estomac et des intestins, qui sont ordinairement le partage des femmes sensibles et vaporeuses, des gens de lettres et de tous les hommes qui se livrent aux professions sédentaires.

Outre la supériorité marquée des eaux de Chateldon dans le traitement de ces diverses maladies,

---

ipsis virtutem inspirat illam mirabilem et spectatissimam quam in persanandis multis contumacissimis ac rebellibus morbis exserunt.

Hoff. de Elem. aqua, p. 135, § XVI

elles ont encore l'avantage d'être très agreables au goût. (1)

Les eaux des Célestins, à raison de leurs sels alcalins, sont plus actives, plus pénétrantes que celles de Chateldon; elles font des impressions plus vives sur les fluides et les solides, et réussissent, en général, beaucoup mieux dans les engorgements chroniques du foie, de la rate, dans les obstructions du mésentère, du pancréas, pourvu, toutefois, que les tissus engorgés n'aient encore subi aucune dégénération, et que l'estomac et les intestins des malades ne soient pas le siége d'une irritation trop vive.

Tous les médecins qui ont écrit sur les propriétés médicinales des eaux de Vichy, s'accordent à les regarder comme très propres à dissoudre la gravelle et un certain nombre de calculs urinaires. Cette vertu ne saurait être révoquée en doute : elle vient d'être confirmée, de nos jours, par les belles recherches de M. Darcet et par un très grand nombre d'observations, rédigées avec soin par M. le docteur Petit, médecin-adjoint de ces eaux minérales.

---

(1) Primò autem in disquisitionem nostram veniunt quænam sint bonitatis et salubritatis aquarum notæ. Dicimus itaquè, omnium optimas, præstantissimas et quæ efficaciam in medendo spondent longè exoptatissimam eas esse, quæ æthereo illo tenuissimo elemento copiosùs perfusæ, id est quæ spirituosæ sunt.

Hoff. de Elem. aqua, p. 133, § V.

Quoiqu'il en soit, les eaux de Vichy ne sont pas les seules, en France, qui paraissent jouir de cette propriété, puisque Bordeu, dans ses lettres ou essais sur l'histoire des eaux de Béarn et du Bigorre, reconnaît aux eaux de Barrèges, de Bonne, Cauterets, la même vertu.

« Nos eaux fournissent à mon avis, le dissolvant de quelque espèce de calcul, car je suis persuadé qu'il y en a de différentes espèces qu'on ne reconnaît pas bien encore. Qu'on prenne une pierre dans la vessie, qu'on la plonge dans une certaine quantité d'eau de Bonne, ou de Barrèges, et de Cauterets; qu'on examine avec exactitude cette pierre, qu'on la pèse avant de la mettre dans l'eau. Qu'arrivera-t-il si les eaux sont le dissolvant du calcul? il perdra de son poids et de son volume, il sera presque réduit à rien; je l'ai vu non pas une fois, mais trente, et je l'ai vu avec admiration; j'allais examiner chaque jour le calcul plongé dans l'eau minérale, il était environné d'un nuage glaireux et comme du blanc d'œuf; pour peu que je secouasse le vaisseau qui contenait l'eau, les glaires se détachaient en lames, en feuillets, et le calcul diminuait d'autant, je trouvais le même effet le lendemain; ainsi la pierre disparaissait ou il ne restait qu'un grain, qui aurait facilement passé par toutes les voies. Je ne sais pas si cela arriverait dans toutes sortes de calcul..... Peut-on s'empêcher de tenter ce remède? si j'avais à traiter un pierreux, je le ferais baigner dans nos eaux, je lui en ferais boire en abondance, je lui ferais prendre des douches sur les parties affectées, et si la pierre était dans la vessie, j'y ferais souvent injecter de l'eau minérale. Je joindrais à l'usage des eaux quelques prises de savon et de coquilles d'œufs calcinées. Nous avons des observations sur cette matière : celles de Dessault paraissent concluantes. » (1)

Comme les eaux de Chateldon sont chargées d'une grande quantité de gaz acide carbonique, qu'elles contiennent des bi carbonates alcalins, qu'elles passent avec la plus grande facilité par la voie des urines, elles conviennent également dans les maladies des voies urinaires, et si ces eaux agissent avec moins d'énergie que celles de Vichy, pour dissoudre certains calculs urinaires, elles ont du moins l'avantage précieux de ne pas fatiguer l'estomac des personnes qui ne peuvent supporter les dernières à des doses un peu élevées.

On doit interdire les eaux des Célestins aux malades d'un tempérament vif et sanguin, à ceux qui ont la poitrine délicate. Elles sont contraires aux femmes sensibles et vaporeuses, aux hommes chagrins, mélancoliques, inquiets, qui

---

(1) Lettres et essais sur les eaux du Bearn et du Bigorre (1746) par Bordeu.

ont la fibre raide, tendue, et auxquels les délayants, les aqueux, les relâchants, les eaux minérales froides, gazeuses et acidules, et particulièrement celles de Chateldon, conviennent beaucoup mieux.

PARALLÈLE

DES EAUX DE CHATELDON ET DE CELLES DE SPA,

PAR RAULIN.

Généralité des eaux de Spa et de celles de Chateldon.

« Les eaux de Spa et celles de Chateldon sont
» imbues des mêmes principes minéraux; celles-
» ci sont plus riches que les autres; elles en
» contiennent qui ne se trouvent pas dans les
» premières : ces principes, propres aux eaux
» de Chateldon, donnent de l'étendue et de
» l'énergie à leurs propriétés, ce qui établit
» leur supériorité sur celles de Spa, dans les
» incommodités et les maladies auxquelles les
» unes et les autres peuvent convenir. Les eaux
» de Spa contiennent plus de substance ferru-
» gineuse que celles de Chateldon, qui sont

» également martiales. Bien loin que ce soit un
» avantage pour les premières, c'est au con-
» traire une forte raison pour établir la supé-
» riorité des eaux de Chateldon sur celles de
» Spa. Le célèbre Palissy, qui, vers le milieu du
» XVIme siècle, brillait à Paris de tout l'éclat
» d'une physique qu'il ne devait qu'aux lumiè-
» res de la nature, disait dans ses leçons pu-
» bliques que si les eaux de Spa avaient plus
» de réputation que d'autres de la même espèce,
» ce n'était que parce qu'elles avaient été pu-
» bliées les premières par les habitants du lieu.

« Les eaux de Spa méritent la célébrité qu'elles ont acquise; les étrangers de tous les ordres qui se rendent à Spa, dans la belle saison, fournissent à la province l'agréable et l'utile : L'égalité qui règne parmi les personnes de tous les rangs, les agréments d'une société libre, le concours et la réunion des plaisirs, de l'exercice, des jeux et de tout ce qui est nécessaire à une vie délicate et séduisante, y abonde sans réserve. N'est-ce pas à ces avantages que l'on doit la plus grande partie des vertus des eaux de Spa, qui sont inférieures à celles de Chateldon? on le verra par le parallèle de leurs analyses, de leurs principes et de leurs propriétés. » (1)

---

(1) Parallèle des eaux minérales d'Allemagne et de France par Raulin, inspecteur général des eaux minérales du royaume (page 74.)

PARALLÈLE

DES EAUX DE CHATELDON ET DE CELLES DE SELTZ.

Les eaux de Chateldon, comme celles de Seltz renferment une assez grande quantité de gaz acide carbonique, et les unes et les autres ont en ce point les mêmes propriétés, car où l'on trouve identité de principes, se trouve également identité de résultats. Cependant l'acide carbonique libre des eaux de Seltz s'évapore plus facilement que celui de Chateldon. Les eaux de Seltz sont moins agréables au goût, soutiennent bien moins le transport et se corrompent plus facilement.

Les eaux de Chateldon déposent, sur les bords de leurs réservoirs et au fond des vases qui les contiennent, un sédiment rougeâtre formé par un péroxide de fer ; celles de Seltz en font autant. L'acide carbonique des eaux de Chateldon semble s'attacher davantage à la substance martiale. Les eaux de Seltz, comme celles de Chateldon, contiennent des carbonates de soude, de magnésie, etc.

Réflexions.

Les eaux de Chateldon ont beaucoup d'analogie sans doute avec les eaux de Seltz et de Spa par les principes qui les minéralisent, mais elles leur sont supérieures en vertu, soit par la différence de combinaison de ces principes, soit à cause de la pureté de l'acide carbonique libre qu'elles contiennent et qui leur donne cette saveur si piquante et si agréable. Elles ont, en outre, l'avantage de ne provoquer jamais d'évacuations alvines trop abondantes, effet que produisent quelquefois les eaux de Seltz. Un peu moins ferrugineuses que les eaux de Spa, elles conviennent beaucoup mieux, lorsqu'il s'agit d'exercer une stimulation douce sur la membrane muqueuse des voies digestives.

Une considération qui n'est pas sans intérêt et que le public ne laissera pas échapper, c'est que les eaux de Seltz et de Spa nous viennent de l'étranger, tandis que celles de Chateldon sont situées au centre de la France. La situation et l'éloignement des premières exigent que leur transport soit confié à des étrangers. La proximité des eaux de Chateldon et la fidélité de leur expédition leur donneront toujours un avantage notoire sur celles de Seltz et de Spa; et nous saurons, je l'espère, user de nos propres richesses, sans nous rendre tributaires de l'étranger.

FIN.

Table par ordre de matières.

Première partie.

Topographie physique et médicale de Chateldon.—Promenades aux environs de Chateldon.

Chapitre I.

	Page.
Topographie de Chateldon.	1
De son climat et de sa végétation.	4
Constitution médicale du pays.	5
Mœurs et caractère des habitants; ressources que ce pays présente	6

Chapitre II.

Promenades aux environs de Chateldon. 8
— Le château de Lamotte. — Puy-Guillaume.—Chabannes.—Le temple des Druides.—Mont-Péroux.—Vallée.—Ris.—Randan.—Busset.—Ferrières.—Le château de Mont-Gilbert.—Le roc de St-Vincent.—Le Montoncelle.—Thiers.

Deuxième partie.

Description succincte de l'établissement de Chateldon.—Dénomination et situation des sources.—Propriétés physiques et chimiques des eaux.

Chapitre I.
Dénomination et situation des sources. 13

Chapitre II.
Propriétés physiques des eaux de Chateldon. . . 15

Chapitre III.
Examen chimique des eaux de Chateldon. 16

Chapitre IV.
Analyse des eaux de Chateldon par différents chimistes. 19

Troisième partie.

Des propriétés médicinales des eaux de Chateldon.
Chapitre I.
Considérations générales.. 24
Chapitre II.
Des propriétés médicinales des eaux de Chateldon. 27
Chapitre III.
Du mode d'administration des eaux de Chateldon. 44
Chapitre IV.
Des eaux de Chateldon transportées; manière de les prendre; moyens de se les procurer et de les conserver. 47

Quatrième partie.

Observations sur diverses maladies traitées par les eaux de Chateldon. 52

Appendice.

Promenade de Vichy à Chateldon. 77
Parallèle des eaux minérales de Chateldon et de celles des Célestins (Vichy); différence de leurs principes et de leurs propriétés. 80
Parallèle des eaux de Chateldon et de celles de Spa, par Raulin.. 87
Parallèle des eaux de Chateldon et de celles de Seltz. 89

Fin de la table.

www.ingramcontent.com/pod-product-compliance
Lightning Source LLC
Chambersburg PA
CBHW070246100426
42743CB00011B/2159